POLICE DU ROULAGE.

RECHERCHES

SUR

LES PRINCIPES QUI PARAISSENT DEVOIR FORMER LA BASE

D'UNE NOUVELLE LÉGISLATION.

PARIS.—IMPRIMERIE DE FAIN ET THUNOT,
IMPRIMEURS DE L'UNIVERSITÉ ROYALE DE FRANCE,
Rue Racine, 28, près de l'Odéon.

POLICE DU ROULAGE.

RECHERCHES

SUR

LES PRINCIPES QUI PARAISSENT DEVOIR FORMER LA BASE

D'UNE NOUVELLE LÉGISLATION.

COMMISSION SPÉCIALE.

CONTRÔLE DES EXPÉRIENCES DE MM. MORIN ET DUPUIT. — RAPPORT ET AVIS SUR LES TARIFS ET CONDITIONS A SUBSTITUER A LA RÉGLEMENTATION DU 15 FÉVRIER 1837.

Février 1839. — Décembre 1841.

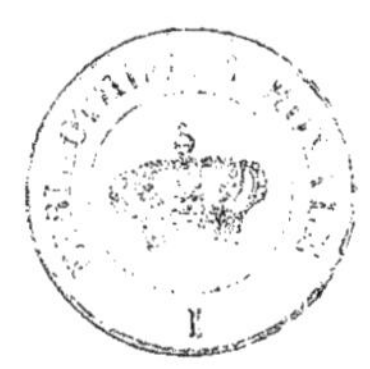

PARIS.

CARILIAN-GOEURY ET Vᵒʳ DALMONT,

LIBRAIRES DES CORPS ROYAUX DES PONTS ET CHAUSSÉES ET DES MINES,
Quai des Augustins, 39 et 41.

1842.

RECHERCHES

SUR

LES PRINCIPES QUI PARAISSENT DEVOIR FORMER LA BASE

D'UNE NOUVELLE LÉGISLATION

POUR

LA POLICE DU ROULAGE [1].

EXPOSITION.

Chaque âge , chaque période doit satisfaire à certaines conditions ; chaque question arrive aussi avec le temps à sa maturité. *(Double point de vue de la nouvelle loi.)*

En 1841 , par exemple , il est impossible qu'un projet de loi sur la police du roulage ne soit pas doublement préparé et discuté, et au point de vue des routes que cette réglementation doit protéger, et au point de vue des transports que cette loi est appelée aussi à favoriser.

Au point de vue des routes , en ce qui concerne surtout les divers modes d'action des voitures sur les chaussées , il est important d'interroger les faits , de se placer autant que possible dans le vrai , de jalonner et de suivre une voie rationnelle dans les exigences à maintenir, dans les libertés progressives à accorder. *(Conservation des routes; question technique.)*

---

[1] Ce titre rappelle les termes mêmes de la lettre missive du 11 juillet 1840 , qui a saisi la *commission du roulage* de cette importante question.

Cette commission, instituée par décision du 4 février 1839, principalement pour suivre les expériences de MM. Morin et Dupuit, était composée de :

MM. Tarbé, Cavenne et Kermaingant , inspecteurs généraux; Devilliers, Minard et Emmery, inspecteurs divisionnaires ; Jollois , ingénieur en chef directeur; Coriolis, ingénieur en chef; de Saint-Venant , ingénieur ordinaire.

M. Emmery, secrétaire de la commission, a dû, en cette qualité, assister aux expériences de 1839 à 1841 de MM. Morin et Dupuit, faire de ces observations spéciales l'objet de procès-verbaux détaillés, recueillir du roulage et des messageries tous les renseignements nécessaires, et enfin rédiger, et soumettre à la commission du roulage, le présent rapport.

Quatre circonstances principales veulent notamment être mesurées :

1° L'influence des diamètres des roues, circonstance jusqu'à présent négligée et que nous plaçons cependant en première ligne ;

2° La largeur des jantes ;

3° La vitesse au trot ou au pas ;

4° La suspension ou la non-suspension.

De nouvelles expérimentations viennent d'être faites sur l'influence respective de ces quatre conditions essentielles.

La même commission, appelée à statuer sur le présent rapport, a suivi ces expériences pendant plus de deux années, et a même concouru autant qu'il était en elle à étendre et à compléter ces observations.

C'est en s'aidant de ces lumières récentes, de ces faits nouveaux, acquis à la fois à la science et à la pratique, comme aussi en interrogeant les utiles travaux successivement préparés sur la même matière, que la *question technique* concernant la conservation des routes paraît devoir être d'abord reprise et entièrement refondue.

Prix de revient des transports ; question commerciale.

Mais sans oublier que la conservation des routes est un des premiers besoins matériels du pays, il est aussi de hautes considérations dont une administration éclairée doit embrasser toute la portée.

Ce ne sont pas les roulagistes et les messagistes qui sont seuls en cause, c'est la France entière qui importe, qui exporte, qui transite.

Le prix du transport n'est pas seulement un élément, au premier degré, du prix de toutes les choses matérielles, mais il arrive (comme pour les fils, les cotons, les soies) que la même marchandise, sous diverses formes, a été trois et quatre fois transportée avant d'être livrée au consommateur.

Remarquons, d'ailleurs, que la plupart des réglementations n'affectent généralement qu'une industrie et ses dépendances ;

Que, d'autres fois, telle réglementation, comme un tarif de douanes, vient blesser, à la vérité, une industrie (celle des fers par exemple), mais qu'elle abaissera en compensation, dans l'intérêt de la consommation ou de certaines fabrications, le prix d'une matière première.

Et au contraire, c'est dans une étendue sans limite, en quelque sorte, que s'exerce la réaction d'une loi sur la police du roulage.

Ce n'est pas seulement une immense industrie que l'on vient alors réglementer, mais c'est le prix de revient *du roulage entier de France* qui se trouve atteint, et qui, par suite des mouvements plus ou moins libres dont il sera doté, doit éprouver une hausse ou une baisse inévitable.

C'est donc une augmentation ou une réduction sur tout ce qui est consommation, sur toutes les matières premières, sur tous les produits manufacturés.

C'est une faveur ou une défaveur pour le fabricant, pour l'exportateur ;

c'est souvent une condition de vie ou de mort dans nos luttes nationales sur les marchés de l'Europe, contre les fabriques étrangères.

La réglementation de la voiture, en un mot, est une de ces questions qui intéressent le plus profondément, le plus universellement, la prospérité d'un état et la richesse publique.

La commission ne pouvait donc pas se borner à poser les bases et les chiffres d'une réglementation, elle devait encore approfondir *la question commerciale*, c'est-à-dire mesurer quelles seraient les conséquences du nouveau tarif sur les prix de revient du transport.

Pour s'éclairer à ce sujet, la commission a fait appel à l'expérience, aux connaissances des hommes les plus recommandables et les plus habiles dans les deux industries du roulage et des messageries.

D'importants établissements ont bien voulu mettre à la disposition du secrétaire de la commission les agents, ainsi que le matériel de leur entreprise, et les documents les plus positifs, tels que factures, marchés, relevés de toute nature.

L'administration peut dès lors compter sur la certitude des données qui serviront de base à l'épreuve commerciale que nous ferons subir au tarif proposé.

Nous pouvons ajouter que les calculs établis sur ces données ont été formulés et vérifiés de concert avec des hommes tout à fait expérimentés en cette matière.

DIVISION DU RAPPORT.

Les divisions de ce rapport seront faciles à saisir.

Ainsi qu'on doit s'y attendre, le nouveau tarif réglementaire sera examiné successivement sous toutes les faces : histoire législative et règlements, principes constitutifs et calculs, opinions et expériences, considérations administratives et commerciales, applications et résultats.

Telle est, au surplus, l'énumération des divers chapitres qui composent le présent travail, savoir :

1° Législation du roulage; Antécédents et situation actuelle; Documents consultés.
2° Dissection, mécanisme et chiffres du tarif présenté;
3° Primes proportionnelles aux diamètres;
4° Loi proportionnelle aux largeurs de jantes;
5° Unité de chargement par zone de $0^m.01$ de largeur de bandes;
6° Comparaison avec les chiffres de la réglementation en vigueur et avec le projet de tarif de la commission de la Chambre des Députés (1838);
7° Roulage avec suspension et au trot;
8° Suppression des forts chargements et division des charges;
9° Voitures publiques. — Messageries, leurs conditions exceptionnelles;
10° Roulage. — Prix de revient de la force tractive;
11° Voitures non suspendues au trot;
12° Tarif unique pour toute l'année au lieu de deux tarifs, l'un d'été, et l'autre d'hiver.

13° Tolérances fixes. — Tolérances de jantes et de diamètres. — Tolérance de non-déchargement avec amende ;
14° Routes à barrière de dégel ; nouveau chiffre réglementaire ;
15° Exemptions. — Exceptions.
16° Résumé. — Propositions et dernières conclusions.

Chiffres administratifs et commerciaux.

Six tableaux reproduisent aussi *en chiffres* le but et les conséquences de nos recherches, savoir :

Quatre tarifs administratifs, le premier pour le roulage ordinaire, le deuxième pour le roulage suspendu au trot, le troisième pour les messageries, le quatrième pour les routes à barrière
de dégel.

Deux séries commerciales des prix de revient de la force tractive dans les deux hypothèses
respectives de l'ancienne et de la nouvelle réglementation (2).

CHAPITRE PREMIER.

LÉGISLATION DU ROULAGE. — ANTÉCÉDENTS ET SITUATION ACTUELLE. —
DOCUMENTS CONSULTÉS.

*Utilité des recherches tra-
ditionnelles.*

C'est quelquefois dans l'histoire même d'une réglementation qu'il faut aller chercher les leçons de l'expérience, comme aussi dans les essais, en parti-culier, plus ou moins heureux qui successivement ont été mis en jeu. On retrouve également dans ces traditions sous quelles faces diverses pendant de si longues périodes les mêmes questions ont été envisagées.

Mais c'est surtout en interrogeant les diverses études approfondies à la même intention par des hommes spéciaux et d'élite que l'on doit acquérir les connaissances les plus essentielles ; car la discussion des faits, la con-troverse des diverses opinions successivement professées, les recherches mul-tipliées, sur le même sujet, en France et à l'étranger, viennent jeter sur le passé, sur la situation actuelle, quelquefois sur les besoins à venir, de vives lumières.

Les erreurs mêmes qui auraient pu être commises vous apprennent que l'autorité des noms les plus hautement et les plus justement estimés ne doi-vent jamais vous arrêter pour juger à nouveau et avec indépendance.

Antécédents et situation actuelle.

Antécédents.

Les antécédents sur la police du roulage se composent de deux périodes :
La première, de 1724 à l'an XII (1802), plutôt curieuse par son ancienneté,

(2) Ces deux derniers tableaux, bien que placés comme conclusions finales à la suite du rapport, appartiennent spécialement au X° chapitre.]

par les besoins qui se manifestaient déjà, que par l'utilité à retirer des prescriptions qui en sont la base.

La deuxième période, de 1802 (an XII) jusqu'à ce jour, présente au contraire, notamment à partir de 1806, une série de réglementations, encore aujourd'hui en vigueur, et que par cette raison il est indispensable de connaître et d'approfondir.

Première période. Antérieurement à 1724, on ne trouve aucune trace de règlement. 1re période, de 1724 à 1802.

La déclaration du 17 novembre 1724 signale la première la nécessité d'une réglementation ; elle ne s'applique encore qu'aux charrettes ; elle est seulement prohibitive ; elle est basée sur le nombre de chevaux ; elle défend d'atteler plus de trois chevaux en hiver, plus de quatre chevaux en été. Les chariots restent libres.

Les règlements et ordonnances du bureau des finances des 8 juillet 1727, 29 mars 1754, 30 avril 1772, et l'arrêt du conseil du 7 août 1771, renouvellent la même défense pendant un cours de près de soixante ans.

Vient en 1783 l'arrêt du conseil du 14 novembre, qui s'appuie sur les mêmes bases et les étend seulement aux voitures à quatre roues (3).

Seulement, la même année, un second arrêt du 28 décembre (par conséquent, à moins de six semaines d'intervalle) est rendu pour atténuer au moins par des exceptions nombreuses la sévérité de l'arrêt précédent.

Cet arrêt accordait une liberté illimitée aux jantes de 5 pouces (0^m.14) (4).

C'est l'origine de la faveur accordée aux larges jantes.

Quatorze années s'écoulèrent sous ce régime, lorsque la loi du 3 nivôse an VI (23 décembre 1797), en réglant la taxe des barrières sur les routes, vint aussi, pour limiter les chargements, appliquer des taxes proportionnelle-

---

(3) 14 *novembre* 1783.—Il est statué qu'aucun voiturier ne pourra atteler, en toutes saisons, plus de trois chevaux ou mulets sur les voitures à deux roues, et plus de six sur les voitures à quatre roues et à flèches, ou plus de quatre quand ils seront attelés en file ; le tout *à peine de confiscation* des chevaux ou mulets en excès du nombre fixé. Deux bœufs ne seront comptés que pour un cheval ou un mulet.

Défense est faite d'attacher derrière les voitures aucuns chevaux ou mulets excédant le nombre fixé ci-dessus ; et ce, *sous peine de confiscation*, comme si ces bêtes étaient attelées aux dites voitures. Les voitures employées à la culture et exploitation des terres ne sont pas assujetties aux dispositions précédentes.

Les voitures de roulage portées sur les roues de six pouces de largeur de jantes pourront être attelées de quatre chevaux si elles sont à deux roues, et *de huit chevaux* si elles sont à quatre roues ; elles pourront même en recevoir un plus grand nombre si les voies sont inégales.

(4) 28 *décembre* 1783. — Cet arrêt permet d'atteler un nombre illimité de chevaux non-seulement aux voitures employées à la culture, mais aussi à celles qui portent des grains, farines, fourrages, bois à brûler, charbons, et même les sels de la ferme générale. Il tolère aussi un nombre illimité de chevaux pour le transport des objets indivisibles d'un grand poids ; il accorde la même faculté aux voitures à deux ou à quatre roues à jantes de 5 pouces de largeur.

ment plus élevées (et dans un rapport considérable) aux attelages d'un plus grand nombre de chevaux (5).

On sait que ce tarif fut modifié par la loi du 7 germinal an VIII, qui basa le péage sur le nombre de chevaux, quelle que fût la voiture (6); qu'il fut ensuite réduit en l'an VIII; qu'il fut enfin définitivement supprimé par la loi du 24 avril 1806.

2ᵉ période, de 1802 jusqu'à ce jour. *Deuxième période.* La réglementation *par le péage* avait certainement été reconnue insuffisante, car quatre ans et demi après parut la loi du 29 floréal an X (19 mai 1802) qui posa la première base de la réglementation d'après le poids des voitures, et à laquelle loi remonte l'établissement des ponts à bascule (7).

Seulement on ne déterminait dans cette loi aucun maximum pour les jantes étroites.

Deux ans plus tard la loi du 7 ventôse an XII (27 février 1804) suppléait à ce silence de la loi de floréal, en énonçant pour la première fois cinq classes de jantes, $0^m.11$, $0^m.14$, $0^m.17$, $0^m.22$ et $0^m.25$, et en assignant ces largeurs de jantes comme minimum pour un nombre déterminé de chevaux (8).

Le gouvernement acquérait néanmoins par cette loi la faculté de modifier le tarif du 29 floréal, et de régler le poids des voitures publiques et de leur chargement.

Par cette loi le gouvernement avait aussi mission de réglementer la lon-

---

(5) 3 *nivôse an VI.* — Le droit croissait plus rapidement que le nombre des chevaux de l'attelage; ainsi, une charrette payait dix-huit fois plus pour six chevaux attelés que pour un seul cheval; un chariot attelé de six chevaux payait quinze fois plus qu'un chariot comtois à un cheval, et six fois plus qu'un chariot ordinaire à deux chevaux.

(6) 7 *germinal an VIII.* — Pour établir une grande simplicité dans le tarif, cette loi le régla uniquement en raison du nombre des chevaux, quelles que fussent les voitures, leur jantes et leurs voies; il n'y eut plus de distinction qu'entre les voitures suspendues et celles qui ne l'étaient pas.

(7) 29 *floréal an X.* — On décidait en principe que des ponts à bascule seraient établis pour constater le poids des voitures; en attendant on devait conclure ce poids de l'exhibition des lettres de voiture.

(8) 7 *ventôse an XII.*—Les voitures à deux roues, à deux chevaux, ne pouvaient avoir moins de. . . . . $0^m.11$ de largeur de jantes.

Les mêmes voitures à 3 chevaux.	0 .14
à 4 chevaux.	0 .17
à plus de 4 chevaux. . . .	0 .25
Les voitures à 4 roues à 2 chevaux.	0 .11
à 3 chevaux.	0 .14
à 4, 5 et 6 chevaux. . . .	0 .17
à plus de 6 chevaux. . . .	0 .22

Les voitures à un cheval n'étaient assujetties à aucune fixation relativement aux largeurs de jantes.

Toute diligence ou messagerie, et même toute voiture marchant au trot, d'un poids excédant 2,200 kilogrammes, était assimilée aux voitures de roulage.

gueur des essieux, la forme des bandes et des clous employés pour fixer les bandes.

Le décret du 23 juin 1806 répondit à ce vœu de la législature.

Dans ce décret et à partir de ce décret, il ne fut plus question de la réglementation par le nombre des chevaux, et le poids de la voiture et de son chargement, comparé à la largeur des jantes, a été la base exclusivement adoptée.

A partir du décret de 1806, et en ce qui concerne les questions principales du tarif, les actes à connaître sont ensuite :

1° *Pour le roulage.*	2° *Pour les messageries.*
L'ordonnance du 23 décembre 1816.	La décision du 16 mai 1816.
———— du 16 juillet 1828.	L'ordonnance du 23 décembre 1816.
———— du 23 avril 1834.	———— du 16 juillet 1828.
Et enfin l'ordonnance du 15 février 1837.	———— du 23 avril 1834.
	———— du 15 février 1837.
	———— du 24 octobre 1828.

En ce qui touche les mesures de police de toute nature, il faut en outre se reporter :

1° *Pour le roulage.*	2° *Pour les messageries.*
A l'ordonnance du 20 juin 1821.	A l'ordonnance du 4 février 1820.

Enfin, comme question interprétative du décret de 1806, sur la compétence respective des maires et des conseils de préfecture, est intervenue l'ordonnance du 22 novembre 1820.

On sait du reste que les poids excessifs du décret du 23 juin 1806 sont encore tolérés ;

Qu'en effet :

L'ordonnance du 15 février 1837 porte, art. 4 : « Les poids déterminés par l'art. 1er ne seront obligatoires que deux ans après la promulgation de la présente ordonnance pour les voitures à quatre roues de plus de 0m.17 de largeur de jantes, et pour les voitures à deux roues de 0m.17 de largeur et au-dessus ; »

Que suivant l'ordonnance du 21 décembre 1838, art. 1er, « le *délai de deux ans* fixé par l'art. 4 de notre ordonnance du 15 février 1837 a été prorogé d'une année ; »

Et que cette prorogation a été de même successivement continuée :

1° Par ordonnance du 3 février 1840, art. 1er, jusqu'au 15 février 1841 ;

2° Par ordonnance du 31 janvier 1841, art. 1er, jusqu'au 15 février 1842.

Ainsi aujourd'hui on voit encore circuler sur les routes, aux termes du décret de 1806 (avec des jantes de 0m.17, 0m.22 et 0m.25 à la vérité) : *Situation actuelle.*

Sur une charrette (ou voiture à deux roues), des chargements de 4 800 à 8 200 kilogrammes ;

Sur un chariot (ou voiture à quatre roues) à voies égales, des poids de 6 700 à 9 600 kilogrammes ;

Et sur les chariots à voies inégales, *des masses de 7 400 à 11 400 kilo-grammes.*

Tel est le régime qui compte déjà trente-cinq ans d'exercice ; telle est la situation encore en 1841.

Documents consultés. — Rapport et travaux spéciaux sur cette question.

Documents consultés.

Cependant, l'administration avait senti le dommage que des chargements aussi énormes devaient causer aux routes, et à plusieurs reprises elle avait fait appel aux hommes les plus capables pour étudier et les moyens de protéger les routes dans l'intérêt du commerce même, et la nécessité cependant de laisser toute la latitude possible à l'industrie des transports.

Les travaux les plus remarquables, préparés sur cette matière, et que l'on consultera toujours avec reconnaissance pour les hommes qui y ont attaché leur nom, ont été successivement élaborés et rapportés :

Rapports, 1o de M. Tarbé, 2o de M. Brisson.

1° En 1814, par M. l'inspecteur général Tarbé, au nom d'une commission composée de MM. Tarbé, Gayant et Cahouet : le rapport est du 9 août 1814 ;

2° En 1828, par M. Brisson, inspecteur divisionnaire, au nom d'une commission composée de MM. Tarbé, Dutems, Bérigny, Lamandé et Brisson : ce rapport qui porte la date du 22 avril et 3 mai 1828 est accompagné de plusieurs notes importantes ;

Publication de M. Navier.

3° Enfin, en 1832, par M. Navier, alors ingénieur en chef, au nom d'une commission nommée le 31 juillet 1832, et composée de MM. Tarbé, Dutems, Bérigny, inspecteurs généraux, Devilliers, Letellier, inspecteurs divisionnaires, Jollois, Navier et Coriolis, ingénieurs en chef, et Raucourt, ingénieur ordinaire.

Ce rapport se trouve reproduit avec de nouveaux développements dans la brochure de 1835 de M. Navier, intitulée : *Considérations sur les principes de la police du roulage et sur les travaux d'entretien des routes.*

Cette brochure est terminée par un appendice fort étendu sur les expériences et enquêtes faites en Angleterre, précisément au sujet de la même question *de la conservation des routes.*

Les trois rapports que nous venons de rappeler ont été imprimés, et c'est une pensée utile dont on doit savoir gré à l'administration que d'avoir ainsi cherché à éclairer l'opinion publique d'une part, comme aussi d'avoir mis de si utiles documents aux mains de tous ceux qui peuvent avoir mission d'étudier encore ces mêmes matières.

Expériences de M. Raucourt.

En dehors de la publication de M. Navier, et comme base en quelque sorte des opinions soutenues par cet ingénieur, on doit mentionner ici les expériences nombreuses faites par M. Raucourt, sous la direction de

MM. Navier et Coriolis, à l'atelier des ponts à bascule à Paris, au moyen de deux manéges.

Ces expériences ont pour date les années 1833 et 1834 (9).

Tels étaient les travaux ordonnés par l'administration, lorsque deux publications sont venues jeter un nouveau jour sur ces questions.

D'abord, en 1837, a paru la brochure de M. l'ingénieur Dupuit, intitulée : *Essai et Expériences sur le tirage des voitures, suivis de considérations sur les diverses espèces de routes, la police de roulage, etc.* Cette brochure donnait, entre autres documents nouveaux, les expériences faites en effet sur le tirage par M. Dupuit, dans les années 1833 et 1834. Expériences et publications de M. Dupuit.

Les Annales des ponts et chaussées signalèrent, en 1838, l'importance et l'avenir de ces travaux (10).

Vint ensuite, en 1839, le premier mémoire de M. Morin, sous le titre d'*Expériences sur le tirage des voitures, faites en 1837 et 1838*, mémoire qui était accompagné des tableaux les plus développés concernant lesdites expériences. 1res expériences et publications de M. Morin.

Et ce fut alors que l'administration des ponts et chaussées jugea, avec une haute sagesse, que les aperçus nouveaux de MM. Dupuit et Morin appelaient des expérimentations spéciales sur les véritables causes de la dégradation des routes, sur l'influence que pouvait avoir surtout des circonstances jusqu'alors négligées telles que la grandeur du diamètre des roues, sur la mesure respective de l'action des jantes de diverses largeurs, sur les effets destructifs de la vitesse, comme aussi sur le degré d'intérêt qu'il fallait attacher à la suspension.

Ces expériences ont été commencées en 1839 et terminées en 1841 ; elles ont été dirigées par M. Morin, aujourd'hui chef d'escadron d'artillerie, sous le contrôle de la commission du roulage. *Voir* note (1). Dernières expériences, dirigées par M. Morin.

Les résultats en sont consignés :

Et dans un mémoire avec supplément de M. Morin ;

Et dans les procès-verbaux détaillés de la commission (11).

Et c'est en s'éclairant de tous ces importants travaux ; c'est en se pénétrant aussi des communications successivement faites à ce sujet aux Chambres, des

---

(9) La mort est venu enlever M. Raucourt avant qu'il ait pu, comme il en avait l'intention, donner à ces expériences une utile publicité.

(*Voir* la note 82 à la dernière page de ce rapport).

(10) *Annales des ponts et chaussées*, 1838, 1er semestre, page 20.

Le signataire du présent rapport eut le bonheur, avant les publications de Morin, de juger la portée des essais de M. Dupuit, et d'appeler le premier sur cet ingénieur et sur les faits nouveaux par lui accusés, et l'attention et l'estime que méritaient de si utiles recherches.

(11) Ces pièces sont encore manuscrites.

divers exposés de motifs de gouvernement, et des différents rapports imprimés lors de ces débats législatifs, qu'à titre d'examen et de discussion des travaux dont il va être rendu compte, la commission a demandé le présent rapport pour éclairer ses délibérations et pour la guider dans le projet de tarif, et les propositions à soumettre par elle à l'administration.

CHAPITRE II.

DISSECTION, MÉCANISME ET CHIFFRES DU TARIF PRÉSENTÉ.

Système de tarif proposé.

Mécanisme du tarif proposé.

Le mécanisme des tableaux préparés, pour être substitués à la réglementation de 1839, repose sur ces quatre conditions :

1° Prendre comme unité de chargement le poids par zone d'*un centimètre* de largeur de jantes ;

2° Appliquer toujours la même unité de chargement à toutes les largeurs de jantes pour un même diamètre de roues ;

3° Faire varier cette unité avec les divers diamètres de roues, c'est-à-dire adapter autant d'unités ou de chiffres élémentaires par centimètre de largeur de jantes qu'il y aura de classes de diamètres de roues ;

4° Arrêter, comme loi de variation entre ces diverses unités de chargement, que ces chiffres unitaires croîtront et diminueront proportionnellement aux diamètres des roues.

Conséquences ; une seule unité de chargements pour les voitures à deux roues.

Et de là tout de suite ces deux conséquences (12) :

1° Que, *pour les voitures à deux roues*, il n'y aura *qu'une seule unité*, un seul chiffre de chargement par chaque zone de 0^m.01 de largeur de jantes.

De sorte que pour avoir le chargement autorisé pour la charrette, il suffira de multiplier l'unité de chargement par les deux facteurs suivants, savoir :

D'abord le *nombre de centimètres* de largeur de jante d'une roue.

Ensuite par le nombre des roues (c'est-à-dire par *deux*).

---

(12) On suppose, bien entendu, que la largeur de jantes est toujours la même, soit pour les deux roues, soit pour les quatre roues du même véhicule.

La loi exprime au surplus, pour répondre à ce cas exceptionnel :

« Que toute voiture dont les roues ont des bandes de largeur inégale, est classée d'après la bande de la moindre largeur. »

2° Que pour les voitures à quatre roues à *diamètres inégaux* (c'est-à-dire avec des roues d'un diamètre moindre à l'avant-train qu'à l'arrière-train, c'est le cas ordinaire des chariots), il y aura lieu d'appliquer deux unités ou chiffres de chargement par zone de 0^m.01 de largeur de jantes ; savoir :

Une unité moindre à la paire de roues de l'avant-train ; et une unité plus forte à la paire de roues de l'arrière-train.

Le tout en faisant varier ces unités de chargement, proportionnellement aux diamètres de ces deux paires de roues.

Ou, ce qui revient au même, on ajoutera ces deux unités de chargement, et on en formera *une unité composée*, dont la moitié constituera *une unité réduite* (13).

Et on multipliera *cette unité réduite :*

D'abord par *le nombre de centimètres* de largeur de jantes d'une roue ;

Et ensuite par le nombre des roues (c'est-à-dire par *quatre*).

Ainsi appelant :

Q le chargement dont on veut connaître le chiffre (véhicule compris) :

n le nombre de centimètres de largeur de jantes d'une des roues de la voiture dont on veut formuler la réglementation ;

D le diamètre d'une grande roue, { soit de charrette, soit de l'arrière-train d'un chariot à diamètres inégaux.

d le diamètre d'une petite roue de l'avant train d'un chariot ;

P le poids unitaire par zone d'un centimètre de largeur de jantes pour le diamètre D ;

p le poids unitaire par zone d'un centimètre de largeur de jantes pour le diamètre d ;

Le tout sous cette condition que les unités de chargement P et p seront proportionnelles aux diamètres des roues D et d ;

$$\text{Ce qui suppose } \left(\frac{P}{p} = \frac{D}{d} \right).$$

On aura les formules ci-après :

Voitures à deux roues : Diamètre $=$ D	Voitures à quatre roues à diamètres inégaux (14). Diamètre de l'arrière-train $=$ D — de l'avant-train $= d$	OBSERVATIONS.
$Q = 2n\text{P}.$	$Q = 4n \left(\dfrac{\text{P} + p}{2} \right).$	

Bases adoptées.

On a dit que *pour le même diamètre de roues* l'unité de chargement par zone de 0^m.01 de bande serait constante *pour toutes les largeurs de jantes.*

---

(13) Pour les voitures à quatre roues égales, cette unité réduite est précisément l'unité commune à l'avant et à l'arrière-train.

(14) La formule pour les voitures qui auraient quatre roues de diamètres égaux, deviendrait $Q = 4n\text{P}.$

On a dit qu'il y aurait *autant de variations dans le chiffre de l'unité* de chargement par zone de $0^m.01$ qu'il y aurait de *classes de diamètres*.

On a dit que *ces variations dans les unités* de chargement seraient *proportionnelles aux diamètres des roues*.

Ces principes posés, voici les chiffres que l'on a adoptés :

Diamètres unitaires. — 1° On a choisi pour diamètre unitaire ou comme terme de comparaison, savoir :

Comme diamètre unitaire *des petites roues*, le diamètre de $1^m.00$ (correspondant à 3 pieds métriques) ;

Comme diamètre unitaire *des grandes roues*, le diamètre de $1^m.667$ (correspondant à 5 pieds métriques) ;

C'est-à-dire deux diamètres unitaires dans les rapports de 3 : 5.

Quatre classes de diamètres. — 2° On a admis *quatre classes de diamètres*, en faisant varier ces classes de l'une à l'autre de 1/6 de mètre (ou d'un demi-pied), et on a obtenu les chiffres suivants :

| Petites roues. | $1^m.000$ | $1^m.167$ | $1^m.333$ | $1^m.50$ |
| Grandes roues. | 1.667 | 1.833 | 2.000 | 2.155 |

Les chiffres ci-dessus constituent deux progressions arithmétiques dont la raison ou différence est constante pour les deux séries et égale à $0^m.167$.

Unités de chargement correspondantes. — 3° On a admis pour ces diamètres unitaires les unités de chargement qui suivent :

Savoir : 125 *kilogrammes* par zone de $0^m.01$ de largeur de jante *pour le diamètre de* $1^m.667$;

On verra bientôt sur quelles considérations et sur quels faits se trouve basée cette unité de 125 kilogrammes pour le plus petit ($1^m.667$) des diamètres des grandes roues.

Toujours est-il qu'on en conclut le chiffre de 75 kilogrammes pour le diamètre de $1^m.00$.

Et de ce chiffre (75 kilogrammes), on déduit également que chaque accroissement de 1/6 du diamètre initial de $1^m.00$ (ou de $0^m.167$) doit répondre à un accroissement dans l'unité du chargement de $\frac{75^k}{6} = 12^k.50$.

De sorte qu'on obtient le tableau de correspondance ci-après, entre les divers diamètres (tant des petites que des grandes roues) et les unités de chargement à appliquer à chacun de ces diamètres.

4° Ces deux catégories de roues composent une seule et même échelle d'équi différence, savoir :

Diamètres.	PETITES ROUES.				GRANDES ROUES.				OBSERVATIONS.
	m. 1.00	m. 1.667	m. 1.333	m. 1.50	m. 1.667	m. 1.833	m. 1.999	m. 2.155	
Chargements correspondants par zone de $0^m.01$ de largeur de jante.	kil. 75	kil. 87.50	kil. 100	kil. 112.50	kil. 125	kil. 137.50	kil. 150	kil. 162.50	

5° On applique cette échelle d'unités de chargement au calcul et à la formation de deux tableaux :

L'un qui constitue la réglementation des voitures à deux roues ;

L'autre qui doit réglementer les voitures à quatre roues.

Il en résulte les quatre classes ci-après *pour les charrettes*, lesdites classes disposées *en colonnes* et par grandeur de diamètre, savoir :

$$D = 1^m.667 \qquad D = 1^m.833 \qquad D = 2^m.00 \qquad D = 2^m.155$$
$$P = 125^k \qquad P = 137^k.50 \qquad P = 150^k \qquad P = 162^k.50$$

Il en résulte encore les quatre classes ci-après *pour les chariots*, lesquelles expriment les combinaisons suivantes de grandes roues pour l'arrière-train, et de petites roues pour l'avant-train, savoir :

$$
\begin{array}{c|c}
D = 1.667^m & d = 1.00^m \\
P = 125^k & p = 75^k \\
\hline
\dfrac{P+p}{2} = 100^k,
\end{array}
\qquad
\begin{array}{c|c}
D = 1.833^m & d = 1.167^m \\
P = 137.50^k & p = 87.50^k \\
\hline
\dfrac{P+p}{2} = 112^k.50.
\end{array}
\qquad
\begin{array}{c|c}
D = 2.00^m & d = 1.333^m \\
P = 150^k & p = 100^k \\
\hline
\dfrac{P+p}{2} = 125^k.
\end{array}
\qquad
\begin{array}{c|c}
D = 2.155^m & d = 1.50^m \\
P = 162.50^k & p = 112.50^k \\
\hline
\dfrac{P+p}{2} = 150^k.
\end{array}
$$

6° On a admis en outre une cinquième classe où seraient rangées toutes les voitures d'un diamètre moindre que les classifications précédentes, mais on a frappé cette catégorie d'une diminution d'un cinquième au-dessous des chiffres de la classe des plus petits diamètres classés dans l'échelle et des charrettes et des chariots.

6° On compose du reste chacun de ces deux tableaux d'autant de *lignes horizontales* que l'on veut admettre de largeurs de jantes.

Dans le tarif proposé la série des largeurs de jantes commence à $0^m.06$, se termine à $0^m.12$, et suit, du reste, de centimètre en centimètre la suite naturelle des nombres, c'est-à-dire que sous le rapport des largeurs de jantes, il y aura, pour les charrettes comme pour les chariots, les sept échelons ci-après (15).

---

(15) Ainsi qu'on le verra plus loin, on applique au roulage au trot avec suspension, le même tarif que pour le roulage au pas non suspendu, mais le tableau des chargements proportionnels aux largeurs de jantes s'arrête à la jante de $0^m.10$ inclusivement :

Les messageries sont d'une autre part assimilées au chariot $D = 1^m.833$ et $d = 1^m.167$, mais le

Jante de 0.06   Jante de 0.10
——— de 0.07   ——— de 0.11
——— de 0.08   ——— de 0.12.
——— de 0.09.

Double correspondance.   7° Chaque chiffre du tarif se trouve ainsi appartenir :

Et à une colonne verticale qui détermine la condition comme diamètre de roues.
Et à une ligne horizontale qui répond à une largeur de jantes également déterminée.

Exemples de calcul.   8° Nous donnons un exemple du calcul des chiffres de ces tableaux.

Calcul pour une voiture à deux roues :

$$Q = 2n\,P.$$

On veut calculer le chargement permis :
Avec le diamètre $D = 1^m.167$.
Avec la largeur de jantes $n = 12$ (centimètres).
Et on trouve :

$$Q = 2 \text{ (roues)} \times 125^k \text{ (par zone de } 0^m.01) \times 12 \text{ (largeur de jantes)} = 3000^k.$$

Calcul pour une voiture à quatre roues (à diamètres inégaux).

$$Q = 4n\,\frac{(P + p)}{2}.$$

On veut calculer le chargement permis :
Avec les diamètres $\begin{cases} \text{pour l'arrière-train, } D = 2^m.0 \text{ qui répond à } P = 150^k. \\ \text{pour l'avant-train, } d = 1.30 \text{ qui répond à } p = 100^k. \end{cases}$
et avec la largeur de jantes $n = 12$ (centimètres).
Et on trouve :

$$Q = 4 \times 12 \times \left(\frac{150 + 100}{2} \right) = 6000^k.$$

9° C'est ainsi que l'on a calculé et disposé les deux tableaux de tarifs que l'on propose d'adopter et que le présent rapport a pour objet principal de motiver.

Propriété et liaison respective des chiffres ainsi obtenus.

Conséquences de ce mécanisme, de ces bases, comme arrangement de chiffres.   Comme conséquences matérielles de ces arrangements de chiffres on obtient les avantages suivants :

1° La condition d'une seule unité par zone de $0^m.01$ pour chaque diamètre, quelle que soit la largeur des jantes, c'est-à-dire d'un seul coefficient par chacune des quatre colonnes de chaque section du tarif, a cet avantage :

De produire dans chaque colonne des chiffres également étagés *par équidifférence.*

Autrement dit, on peut représenter graphiquement la loi pour chaque diamètre *par une ligne droite* qui aurait pour abscisses les diverses largeurs de jantes, et pour ordonnées les chargements correspondant à chacune de ces largeurs ;

---

tableau des réglementations de poids en raison de la largeur des jantes s'arrête *pour ces voitures suspendues, et à voyageurs,* à la jante de $0^m.10$.

2° Il suffit d'ailleurs de se rappeler ce chiffre unique, ce coefficient de chaque colonne, pour construire cette droite, ou pour formuler le tarif de la colonne entière.

De sorte que le tarif entier se résume en *huit chiffres*, savoir :

Les quatre valeurs assignées au coefficient P des grandes roues.

Les quatre valeurs assignées au coefficient p des petites roues.

Et cependant ce tarif embrasse quatre classes de diamètres, et neuf échelons de jantes, c'est-à-dire 36 hypothèses pour chacun des deux tableaux ;

3° On peut encore retrouver une colonne tout entière du tableau, si l'on se rappelle :

Un seul chiffre de la colonne,

Et le nombre constant qui constitue *l'échelle d'équidifférence.*

Or ces chiffres d'équidifférence ne sont d'une part, pour le tableau entier, qu'au nombre de huit.

Et d'une autre part, ces chiffres d'équidifférence sont précisément le double des coefficients unitaires P et P $+ p$, ainsi que le fait ressortir le tableau suivant :

DIAMÈTRES.	VOITURES A 2 ROUES.		DIAMÈTRES.	VOITURES A 4 ROUES.		OBSERVATIONS.
	Coefficient P.	Équi-différence.		Coefficient composé P $+ p$.	Équi-différence.	
m.	kil.	kil.	m.	kil.	kil.	
D<1.667	100	200	D < 1.667, d < 1.00	P=100, p= 50 } 150	300	
D=1.667	125	250	D = 1.667, d = 1.00	P=125, p= 75 } 200	400	
D=1.833	137.50	275	D = 1.833, d = 1.167	P=137.50, p= 32.50 } 225	450	
D=1.999	150	300	D = 1.999, d = 1.333	P=150, p=100 } 250	500	
D=2.155	162.50	325	D = 2.155, d = 1.50	P=162.50, p=112.50 } 275	550	

4° On s'est assujetti invariablement à la loi rationnelle de la proportionnalité entre les coefficients unitaires P et p avec les diamètres D et d.

Et cependant on remarquera combien pour chaque colonne, et ces coefficients P, P $+ p$, et les équidifférences qui en dérivent se trouvent à la fois, et des chiffres simples, et des nombres susceptibles de se déduire les uns des autres ;

5° Il n'est pas sans intérêt d'abord de n'avoir qu'un nombre assez restreint de catégories de diamètres, et ensuite d'adopter des bases usagères, ouvrières en quelque sorte, pour les classifications des diamètres, pour les divers modèles de roues à établir.

Or, il faut le dire (et nous venons encore de nous en assurer, lors des dernières recherches pratiques auxquelles nous avons dû nous livrer) , dans tous les grands ateliers de charronnage et de carrossage , même de Paris , et à plus forte raison des départements , si la mesure légale du mètre est passée dans les habitudes de l'ouvrier, c'est pour être traduite en pied métrique ; les *règles* ou *jauges* sont ainsi toujours doublement graduées , et les mesures se donnent toujours en pieds et pouces , désormais à la vérité répondant à des tiers, à des trente-sixièmes de mètres.

La nouvelle classification de roues , qui s'étagera par demi-pied métrique suivant l'échelle que nous reproduisons ,

PETITES ROUES.				GRANDES ROUES.				OBSERVATIONS.
mèt. 1.00	mèt. 1.167	mèt. 1.33	mèt. 1.50	mèt. 1.66	mèt. 1.83	mèt. 2.00	mèt. 2.155	
pieds. 3 »	pieds. 3 ½	pieds. 4 »	pieds. 4 ½	pieds. 5 »	pieds. 5 ½	pieds. 6 »	pieds. 6 ⅓	

se trouvera donc d'une part très-facile à saisir par le petit nombre des classes (quatre classes pour les petites et les grandes roues), et d'une autre part , ces unités seront popularisées à l'avance par suite du choix du module même qui différenciera les diverses classes ; ce qui mettra cette loi d'accroissement, comme les chiffres de roues qui en dérivent , à la portée aussi bien des grands ateliers de la capitale , que du charronnage de toute la France ;

6° Les chiffres unitaires p et P adoptés et disposés en progression géométrique pour les diverses classes de diamètres , sont tous des multiples de la différence (12.50) de cette progression :

	PETITES ROUES.				GRANDES ROUES.			
	m.	m.	m.	m.	m.	m.	m.	m.
Diamètres. . . .	$d=1.00$	$d=1.167$	$d=1.333$	$d=1.50$	$D=1.67$	$D=1.83$	$D=2.00$	$D=2.15$
	k.	k.	k.	k.	k.	k.	k.	k.
Unités de chargement. . . .	$p=75$	$p=87,50$	$p=100$	$p=112.50$	$P=125$	$P=137,50$	$P=150$	$P=162.50$

Or le nombre (12.50) , bien que fractionnaire, a la propriété comme diviseur de 25 et par conséquent de 50 et de 100 , de donner, dans tous ses produits , *par des nombres pairs* , des chiffres à terminaisons décimales, c'est-à-dire avec un *cinq* ou *un zéro* toujours au rang des unités, et souvent même au rang des dizaines.

Et comme dans les formules $Q = 2nP$ pour les charrettes et $Q = 4n \left(\dfrac{P+p}{2} \right)$ pour les chariots, les facteurs $2n$ et $4n$ se trouvent les produits de la suite naturelle des nombres (entre 6 et 12) par $2n$ et par $4n$, il en est résulté, pour le tarif, des nombres aussi simples qu'essentiellement décimaux.

Il a donc été inutile d'altérer les finales des chiffres exacts donnés par le calcul, pour n'inscrire que des nombres ronds au tarif (16) :

Cette transcription *des chiffres exacts* a d'ailleurs le grand mérite de laisser apparaître, dans tout leur jour et dans toute leur pureté, les lois mêmes qui régissent la réglementation.

7° Enfin la double condition :

Et d'une loi d'équidifférence dans les classifications tant des diamètres que des unités de chargement correspondantes ;

Et d'une même loi d'équidifférence, c'est-à-dire d'une même raison arithmétique dans les deux échelles : l'une pour les grandes roues, l'autre pour les petites roues.

Cette double condition, disons-nous, donne au tarif proposé pour les quatre roues la propriété assez remarquable :

De tarifer en même temps, sans aucune nouvelle addition de colonnes et de chiffres, non-seulement les quatre combinaisons de roues d'avant-train et d'arrière-train, inscrites audit tableau des chariots, mais encore toutes les combinaisons, deux à deux, qu'il est possible de former entre :

Un des 4 modules pour les roues de derrière ($1^m.66$, $1^m.83$, $2^m.00$ et $2^m.15$) ;

Et un des 4 modules pour les roues de devant ($1^m.00$, $1^m.16$, $1^m.33$, $1^m.50$).

Pour ce faire, il suffit en effet de prendre dans la même ligne horizontale (puisque les roues de derrière et les roues de devant ont toujours même largeur de jante) la demi-somme des chiffres qui répondent aux deux colonnes où sont inscrits les diamètres à combiner. *Exemple* :

On veut avoir le tarif du chariot qui, avec $0^m.12$ de jantes, aurait pour diamètres de roue $2^m.15$ à l'arrière-train, et $1^m.00$ à l'avant-train.

Il suffit de prendre sur la ligne horizontale de la jante $0^m.12$:

1° Le chiffre de la colonne où est inscrit le diamètre $2.15 = 6{,}600$ k.

2° Le chiffre de la colonne où est inscrit le diamètre $1.00 = 4{,}800$
$$\overline{11{,}400 \text{ k.}}$$

Et la demi-somme $5{,}700$ est le chiffre cherché, le même que celui qu'on obtiendrait par la formule directe (17).

$$Q = 2n(P + p) = 2 \times 12 (162.50 + 75) = 5.700 \text{ k.}$$

---

(16) Dans plusieurs études de tableaux pour tarif, il a été proposé de remplacer par des zéros, les finales des nombres exacts que donnaient les formules.

(17) Cette propriété dérive de la condition qu'on s'est imposée d'ordonner les diamètres, et par conséquent les unités de chargements, applicables tant aux roues de devant qu'aux roues de derrière, suivant deux progressions arithmétiques toutes deux réglées par la même raison ou différence.

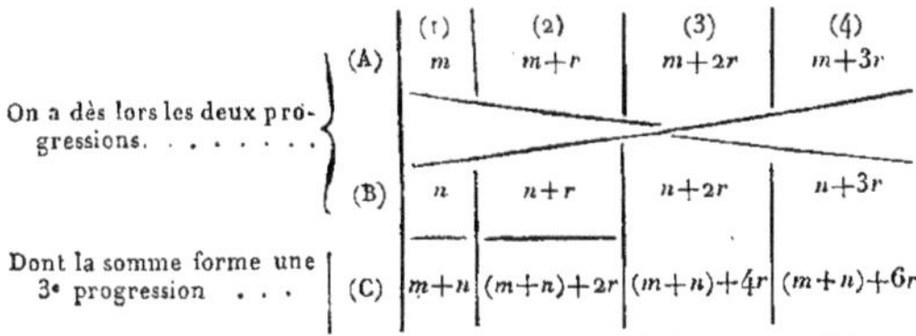

		(1)	(2)	(3)	(4)
	(A)	m	$m+r$	$m+2r$	$m+3r$
On a dès lors les deux progressions.					
	(B)	n	$n+r$	$n+2r$	$n+3r$
Dont la somme forme une 3ᵉ progression . . .	(C)	$m+n$	$(m+n)+2r$	$(m+n)+4r$	$(m+n)+6r$

Voir la suite de la note (17) à la page suivante.

Le tarif adopté embrasse toutes les combinaisons possibles de grandes et de petites roues.

Ainsi l'industrie du transport acquerra le grand avantage de pouvoir combiner les diamètres des roues de devant et des roues de derrière, de manière à obtenir d'abord pour la généralité de ses mouvements de marchandises la condition *de revient* la plus favorable, et à satisfaire ensuite, dans certains cas particuliers exceptionnels, sans néanmoins se mettre en contravention, aux besoins même les plus imprévus du commerce.

Il suffira, en effet, d'employer des roues plus grandes, et les augmentations ainsi obligées dans le diamètre des roues viendront même, comme tirage, faire, et au delà, la balance de l'augmentation de poids de ces plus grandes roues.

C'est une nouvelle et importante liberté légale accordée aux transports par le nouveau tarif.

Liaison entre le chapitre II et les chapitres III, IV et V.

Trois points sont à discuter :
1° La loi proportionnelle aux diamètres ;
2° La loi proportionnelle aux largeurs de jantes ;
3° L'unité de chargement pour un diamètre déterminé.

Un chiffre unique constitue la base, et deux lois de proportionnalité constituent le mécanisme du tarif proposé :

Cette base, *c'est le poids par zone de* $0^m.01$ *de largeur de jantes*, de la voiture à deux roues, avec un diamètre unitaire choisi comme terme de comparaison.

Et on a vu que ce poids élémentaire par zone de $0^m.01$ de largeur de jantes,

---

Or ces trois progressions ont ces propriétés :

1° La somme des termes formant *croix de Saint-André* dans la progression A et B est toujours égale ; ainsi, par exemple :

La somme des termes $A_1 + B_4$ égale la somme des termes $A_4 + B_1$.

Et en effet : $m + (n + 3r)$ doit être identique avec $n + (m + 3r)$, puisque chacune de ces sommes est égale à la somme des deux premiers termes, augmentée de la raison ou différence répétée un même nombre de fois.

2° Cette même somme des termes en *croix de Saint-André* dans la progression (A) et (B) est égale à la moitié de la somme des termes correspondants dans la progression (C).

$$\text{C'est-à-dire que} \qquad A_1 + B_4 = \frac{C_1 + C_4}{2}.$$

Et en effet $m + (n + 3r)$ doit être identique avec $\dfrac{(m+n) + (m+n) + 6r}{2}$ puisque chacune de ces expressions équivaut à la somme des deux premiers termes, augmentés de la raison ou différence répétée un même nombre de fois.

Nota. Dans l'espèce, et attendu que les premiers termes des progressions sont précisément les chiffres unitaires des petites et des grandes roues ($1^m.00$ et $1^m.667$), ces premiers termes ont un diviseur commun (ici $0^m.334$ ou un pied métrique) et les trois progressions, en remplaçant le diviseur commun $0^m.334$ de tous les diamètres par a deviennent celles-ci :

pour les grandes roues ou roues de derrière . . . . (A)	$5\,a.$	$(5 + \tfrac{1}{2})\,a.$	$6\,a.$	$(6 + \tfrac{1}{2})\,a.$
pour les petites roues ou roues de devant. . . . . . (B)	$3\,a.$	$(3 + \tfrac{1}{2})\,a.$	$4\,a.$	$(4 + \tfrac{1}{2})\,a.$
Et la somme de ces progressions devient la suite naturelle des nombres. . . . . (C)	$8\,a.$	$9\,a.$	$10\,a.$	$11\,a.$

et qui sert ensuite à obtenir toutes les autres unités de chargement, a été fixé à 125^k pour le diamètre unitaire (la plus petite des roues de charrette) de 1^m.667.

Les deux lois de proportionnalité sont :

1° La loi de proportionnalité *avec les diamètres des roues*, loi qui permet, en partant du poids élémentaire de 125 k. pour le diamètre de 1^m.667, de calculer les autres unités de chargement applicables respectivement aux diverses catégories de roues, classées par diamètres *et rangées en colonnes au tableau;*

2° La loi de proportionnalité *avec les largeurs de jantes*, laquelle loi, au moyen de l'unité de chargement par chaque diamètre, donne, pour la totalité de la colonne appartenant au même diamètre, les chiffres applicables à diverses largeurs de jantes *disposées au tableau par lignes horizontales.*

Nous allons exposer et discuter successivement les antécédents, considérations et expériences à l'appui tant de ces deux lois proportionnelles que des unités de chargement appliquées aux divers diamètres de roues.

CHAPITRE III.

PRIMES PROPORTIONNELLES AUX DIAMÈTRES.

Il faut avant tout bien distinguer et le principe qui a enseigné une loi-fonction des diamètres, et les motifs qui ont dicté la formule proposée, il faut surtout répéter que cette formule ne doit nullement être entendue dans un sens purement scientifique, et qu'il faut n'y voir pour ainsi dire exclusivement qu'une pensée administrative.

Les deux auteurs qui se sont récemment le plus occupés du tirage des voitures, M. Dupuit (18) et M. Morin (19), se sont accordés sur ce point, et M. Coriolis a confirmé cette opinion que le frottement à la bande des roues des voitures était égal à la pression ou au poids de ces voitures multiplié par une certaine fonction du diamètre des roues.

---

(18) Dans le rapport de M. Coriolis, imprimé en tête du mémoire de M. Morin, on lit :

« M. Dupuit est le premier qui ait mis en évidence, par une série d'expériences, l'influence des diamètres des roues sur le tirage. »

(19) M. Morin, page 23, a insisté le premier *sur l'effort* qu'exercent les roues sur les divers éléments du sol pour désagréger les chaussées.

Et de cette circonstance, M. Morin tire cette conséquence :

Que sous le rapport de la conservation des routes, comme sous le point de vue de la diminution du tirage : « Il est d'une grande importance d'employer *des roues du diamètre le plus grand possible.* »

Or, c'est ce principe que l'on veut prendre en haute considération.

Mais que mathématiquement cette relation soit représentée par le rapport des *racines quarrées* des diamètres $\left(\frac{\sqrt{D}}{\sqrt{d}}\right)$ ainsi que pense l'avoir démontré M. Dupuit ;

Que cette relation soit exprimée par le rapport même des diamètres $\left(\frac{D}{d}\right)$, ainsi que croit devoir le soutenir M. Morin ;

Qu'au milieu de ces deux opinions vienne surgir une opinion mixte qui suppose que peut-être cette relation n'est pas une constante quel que soit le diamètre, par exemple au-dessous d'une certaine limite, de telle sorte que ce serait une courbe et non une ligne droite qui devrait représenter graphiquement la loi cherchée ;

Que, d'une autre part, le coefficient du frottement à l'essieu soit diversement apprécié (M. Dupuit le suppose $= 0^m.12$, et M. Morin $= 0^m.05$) ;

Enfin, qu'il soit plus ou moins contesté que la portion du tirage qui représente le frottement à la bande puisse donner la mesure exacte ou même approximative de la dégradation de la route ;

Ce sont des questions d'un très-grand intérêt sans doute, mais dont la controverse peut d'abord se prolonger longtemps encore, et qui, dans tous les cas, ne paraissent pas, pour le moment du moins, devoir régir d'une manière absolue les déterminations administratives.

Ce qui importe ici, c'est que la science soit unanime pour affirmer que le frottement à la bande est une fonction du diamètre.

Ainsi, en augmentant le diamètre, on est certain de diminuer le frottement à la bande (bien qu'on ne sache pas dans quelle proportion).

Ce qui importe encore, c'est qu'il soit admis par tous les ingénieurs que ce frottement à la bande a une influence considérable sur la dégradation des routes, et ce, quelle que soit la loi mathématique qui doit représenter cette influence ;

Et l'administration, en s'emparant de ces deux faits acquis, doit en conséquence :

D'abord prendre les diamètres en sérieuse considération dans la réglementation du chargement des voitures ;

Et par suite présenter aussi au commerce des considérations déterminantes pour augmenter le diamètre des roues.

Autrement dit, il faut créer un système de prime en faveur des grands diamètres.

Et comme en matière de prime, si on veut obtenir un résultat marqué, il

faut faire la part large à tout ce que ces appels présentent de chances àc ourir
dans les essais à tenter ;

Comme il s'agit ici , en effet, d'opérer une sorte de révolution dans l'industrie des transports ;

Comme l'innovation dont il est question est d'autant plus importante qu'elle
doit être véritablement considérée comme une sorte de transaction entre ce
que peut demander d'une part l'industrie du transport en fait de grands chargements , et ce que la société doit exiger d'une autre part pour la conservation
des routes};

L'administration ne saurait craindre de jalonner la nouvelle voie qu'elle
ouvre au commerce des transports, par des avantages trop décisifs.

Aussi peut-être aurait-elle dû aller plus loin encore que la proportionnalité
des chargements aux diamètres, pour la même largeur de jante.

Mais cette loi , d'une part, par sa simplicité même, aura le mérite d'être
mieux comprise qu'aucune autre, et, d'une autre part, elle accorde en défi-
nitive les deux importantes primes dont les chiffres suivent ; savoir : *Cette loi aura le double mérite d'être simple dans son énoncé, et puissante dans ses effets.*

De 125^k à 162^k.5o pour les grandes roues, c'est-à-dire *un tiers.*
De 75^k à 112^k.5o pour les petites roues, c'est-à-dire *moitié.*

Or, il en résultera, pour l'industrie des transports , des différences telles
dans les prix de revient, qu'avant peu, les roues à faible diamètre dispa--
raîtront certainement de nos routes de France.

Voilà donc la pensée qui a décidé à admettre la loi des primes de chargements proportionnelles aux diamètres.

Ce n'est pas , on le répète, une loi scientifique qu'on a voulu écrire , mais
une loi administrative de primes en faveur des grands diamètres , loi qu'on
a voulue aussi simple dans son mécanisme que puissante dans ses effets.

Il n'est cependant pas inutile de rappeler les expériences qui ont été faites
au sujet de cette même loi de proportionnalité pour apprécier les heureuses
conséquences de l'augmentation des diamètres dans l'intérêt de la moindre
dégradation des routes. *Expériences qui motivent les primes proposées en fa- veur des grands diamètres.*

Une première expérience jette un jour remarquable sur la question.

On a en effet comparé *trois chariots* avec des jantes égales de o^m.115 (2o
et avec un même chargement de 4,93o kil. , c'est-à-dire avec 1oo kil par
centimètre de bandes (21), mais avec des diamètres de 2^m.o29, 1^m.453
et o^m.872 ;

(2o) On a choisi des jantes larges , afin qu'il y eût des différences plus appréciables dans les dé ·
gradations respectives des véhicules à expérimenter.

(21) C'est avec raison qu'on ne mentionne ici qu'une seule unité de chargement pour l'avant-
train et l'arrière-train : les chariots étaient disposés chacun avec *quatre roues égales*, à la façon des
trains d'artillerie pour les roues de 1^m.45, et à la façon des haquets des maisons de roulage pour
les roues à petits diamètres.

Et on a fait passer avec ces chariots, sur trois pistes différentes, un tonnage égal de 10,000 tonnes.

Série A. — Diamètres. — Tableau n° 1.

Expériences, avec des jantes larges de même largeur, sur des diamètres de différentes grandeurs et sous un même chargement.

Date et durée de l'expérience. On a commencé *le 6 mai* 1839, on a fini *le 15 juin* 1839; la durée de l'expérience a donc été de 39 jours.

Lieu de l'expérience. L'expérience a été faite sur la route départementale, n° 32, de Courbevoie à Colombes, entre les chemins de fer de Saint-Germain et de Versailles.

Pistes. Chaque piste parcourue avait 200^m de longueur, et 0^m.30 à 0^m.50 de largeur sur la trace de chaque roue.

Entretien. Pendant la durée entière de l'expérience, il n'a été fait aucune réparation, aucun emploi de matériaux, aucune main-d'œuvre quelconque.

Arrosage. Les onze derniers jours, les pistes ont été arrosées deux fois par jour pour accélérer les dégradations. On versait en deux fois de 11 à 12 litres par mètre quarré de piste.

Tirage. Les chiffres ci-après ont été donnés par le passage (allée et retour), sur les trois pistes, et sur la route vierge, du chariot *à roues de* 1^m.45 *de diamètre.*

CIRCULATION PRODUITE.		Jantes égales de 0^m.115. Chargement constant = 4930 kilog. (et par zone de 0^m 01 = 172 kilogrammes).						ROUTE VIERGE.		OBSERVATIONS.
		Piste n° 1. Diam.=0^m 875		Piste n° 2. Diam. = 1^m.45		Piste n° 3. Diam.= 2^m.03				
Nombre des passages.	Tonnages transportés.	Tirage.	Rapport du tirage à la pression.	Tirage.	Rapport du tirage à la pression.	Tirage.	Rapport du tirage à la pression.	Tirage.	Rapport du tirage à la pression.	
1030	4785.8	78.7	1/59.8	»	»	»	»			Après une grande sécheresse.
1012	4748.3	»	»	81.1	1/57.7	»	»	75.1	1/62.5	
970	4551.2	»	»	»	»	75.5	1/62			
				Ornières avec boue molle.				Humide.		
1576	7393.6	197.4	1/25	»	»	»	»			
1572	7373.8	»	»	205.8	1/23.3	»	»	125.4	1/39.5	
1590	7460.3	»	»	»	»	167	1/30.6			
				Ornière et boue liquide.				Humide.		
2030	9995.7	169.9	1/29	»	»	»	»			
2030	9995.7	»	»	152	1/34.2	»	»	115	1/42.9	
2030	9995.7	»	»	»	»	105.4	1/46.9			

Ce tableau fait connaître :

Que le chariot, avec des roues de 2^m.029, n'avait causé que très-peu de dégradations, bien qu'on eût opéré sur une circulation de 10,000 tonnes, et partant sur 2,030 passages de ce chariot, à la vérité, en 21 jours (22);

---

(22) La simple inspection des diverses pistes, de leurs ornières, et des cahots qui affectaient les véhicules expérimentateurs, accusait aussi une bien moindre dégradation sur la piste n° 3 des grands diamètres.

Tandis que le chariot avec des roues de 1^m.45, et surtout le chariot avec des roues de 0^m.872, avait causé une altération notable.

De telle sorte que les chiffres comparatifs du rapport du tirage à la pression étaient, pour les trois véhicules, à la fin de l'expérience :

Diamétre de 2^m.03.	Diamétre de 1^m.45.	Diamétre de 0^m.872.
1/46.90	1/34.2	1/29

Chiffres, on ne peut se le dissimuler, qui sont très-tranchés et très-significatifs (23).

Les expériences qui précèdent annonçaient donc une moindre détérioration extrêmement marquée, à égalité de jantes, en faveur des roues à grands diamètres, mais elles n'avaient pas suffisamment indiqué dans quelle proportion il fallait mesurer les primes à accorder aux grands diamètres.

Tel a été l'objet de plusieurs expérimentations complémentaires en 1841; savoir :

1° De l'expérience, *Tableau n° 2*, sur les charrettes;
2° De l'expérience, *Tableau n° 3*, sur les chariots.

Pour les charrettes on a comparé le diamètre de 1^m.65 au diamètre de 2^m.00.

Pour les chariots on a comparé les diamètres de . . . . . . $\left\{ \begin{array}{l} 1^m.00 \text{ pour l'avant-train.} \\ 1.65 \text{ pour l'arrière-train.} \end{array} \right.$

Avec les diamètres de. . . . . $\left\{ \begin{array}{l} 1.30 \text{ pour l'avant-train.} \\ 2.00 \text{ pour l'arrière-train.} \end{array} \right.$

Cette fois ce sont des jantes étroites de 0^{m}07, qui ont été expérimentées (24).

Pour les charrettes, on a pris comme terme de comparaison *une charrette* avec des roues de 1^m.65, chargée de 2,000 kil., ou par zone de 0^m.01, de. . . . . 143 kil.

2e Expérience sur les diamètres. — Charrettes avec jantes étroites de même largeur et sous divers chargements.

Et on a mis concurremment en expérience *deux autres charrettes* avec des roues de 2^m.00 de diamètre :

L'une qui pesait, véhicule compris, 2,200^k· ou par zone de 0^m.01. . . . . 156 kil.
L'autre qui pesait 2,500^k· ou par zone de 0^m.01. . . . . 178 kil.

On a répété les passages jusqu'à ce qu'on obtînt un tonnage égal pour les trois pistes de 4,300 tonnes.

---

(23) On voit, en effet, que l'expérience a été disposée de telle sorte, que l'un des véhicules ne produisît qu'une faible dégradation.

Si au contraire l'expérience eût été ordonnée (ce qui se peut toujours) de manière à produire des ornières profondes pour tous les véhicules à comparer, il devient alors bien plus difficile de juger les avantages et les inconvénients de chacun des véhicules.

(24) Nous ne doutons pas que les mêmes expériences faites sur des jantes de 0^m.12, n'eussent été plus concluantes encore.

Mais d'une part ces observations devaient servir à deux fins, parce qu'on voulait apprécier aussi la destruction produite, avec ces mêmes diamètres, par les jantes de 0^m.07;

Et d'une autre part, puisqu'on possédait déjà une expérience sur les diamètres avec des jantes larges, il n'était pas sans intérêt d'observer aussi ce qui se passait à la limite opposée de toutes les largeurs admissibles comme jantes, et cette limite était la jante de 0^m.07.

SÉRIE A. — DIAMÈTRES. — TABLEAU N° 2.

Expériences, avec des charrettes à jantes étroites de même largeur, sur des diamètres de différentes grandeurs et sous divers chargements.

Date et durée de l'expérience. — On a commencé le 11 juin 1841; on a fini le 29 juin 1841. La durée de l'expérience a donc été de 18 jours.

Lieu de l'expérience. — Route départementale n° 32, de Courbevoie à Colombes, en deçà et au delà du chemin de fer de Saint-Germain.

Pistes. — Les trois pistes avaient 140^m de longueur.

Pentes. — Ces portions de routes sont affectées de pentes, faibles à la vérité, mais suffisantes cependant pour avoir une influence réelle sur le tirage; pour effacer cette influence, M. Morin a pris pour chiffre du tirage la moyenne entre chaque double parcours de la piste (allée et retour).

Arrosage. — Trois fois par jour, c'est-à-dire à chaque attelée; la quantité d'eau versée était environ de 13 litres par mètre quarré d'ornières.

Tirage. — On a relevé sur ces trois pistes des chiffres de tirage comparatifs:

1° En faisant passer sur toutes trois la charrette chargée de 2200 k.;

2° En faisant circuler sur ces mêmes trois pistes un chariot à même jante de 0^m,07, avec roues de devant de 1^m,00 à l'avant-train, et de 1^{m}65 à l'arrière-train, et chargé de 3500 k.

CIRCULATION PRODUITE.		JANTES ÉGALES DE 0^m.07.						OBSERVATIONS.
		Diamèt.=1^m.65.		Diamèt.=2^m.00.				
Nombre de pas-sages.	Tonnage trans-porté.	Chargement total = 2000^k. et par 0^m.01 = 143^k. Piste n° 1.		Chargement total = 2200^k. et par 0^m.01 = 157^k. Piste n° 2.		Chargement total = 2500^k. et par 0^m.01 = 178^k. Piste n° 3.		
		Tirage.	Rapport du tirage à la pression.	Tirage.	Rapport du tirage à la pression.	Tirage.	Rapport du tirage à la pression.	
1re et 2e catégories d'observations faites avec un chariot de 0^m.07 de jantes, et chargement de 3500 kilogrammes.								
1764	3528	172.5	1/20.3	»	»	»	»	
1604	3528.8	»	»	158.5	1/22.3	»	»	
1414	3535	»	»	»	»	197.2	1/17.8	
2142	4284	192	1/18.2	»	»	»	»	
1954	4300	»	»	170.8	1/20.5	»	»	
1718	4295	»	»	»	»	226 9	1/15.5	
3e catégorie d'observations faites avec la charrette à roues de 2^m 00 de diamètre, et à bandes de 0^m.07, chargée de 2200 kilogrammes.								
2142	4284	108.3	1/20.7	»	»	»	»	
1954	4300	»	»	90.7	1/24.6	»	»	
1718	4295	»	»	»	»	108.9	1/20.5	

Voici les observations fournies par cette expérimentation :

1° L'ornière de la piste de la charrette pesant 2200 k. présentait, avec les ornières des deux autres pistes, une différence notable, comme moindre dégradation; sur certains points, on ne remarquait même qu'un simple frayé, bien qu'un peu profond.

2° Les rapports du tirage à la pression ont été :

MESURE de la dégradation causée par une égale circulation de 4,300 tonnes.	PISTE, Nº 1, DE LA CHARRETTE. Diamèt.$=1^m$65. Poids tot.$=2,000$. Et par $0^m,01=143$	PISTE, Nº 2, DE LA CHARRETTE. Diamèt.$=2^m$00. Poids tot.$=2,200$. Et par $0^m,01=157$	PISTE, Nº 3, DE LA CHARRETTE. Diamèt.$=2^m$00. Poids tot.$=2,500$. Et par $0^m,01=178$	OBSERVATIONS.
Chiffres accusés sur les trois pistes par la charrette pesant 2,200 kil.	1/18.2	1/20.5	1/15.5	
Chiffres accusés sur les trois pistes par le chariot pesant 3,500 kil. . .	1/20.7	1/24.6	1/20.5	

Or, dans ces deux séries d'observations, la piste n° 2 de la charrette de 2100 k., pesant 157 k. par 0^m.01, avec diamètre de 2^m.00, a constamment présenté un tirage bien plus faible que les pistes n° 1 et n° 3.

A la vérité il y a incertitude et même contradiction dans les deux séries, en ce qui concerne la charrette de 2,000 kilogrammes (poids par 0^m.01 $= 143^k$ et diamètre $= 1^m$.65) et la charrette de $2,500^k$ (poids par 0^m.01 $= 178$ et diamètre de 2^m.00), mais on doit précisément conclure de cette divergence, que sur ces deux pistes la dégradation était à peu près la même.

D'une autre part, M. Morin a mesuré la quantité de matériaux nécessaires pour araser les ornières après avoir enlevé les boues, et le chiffre comparatif de ces matériaux, a été :

Charrette de 2,000 k.	Charrette de 2,200 k.	Charrette de 2,500 k.
11.40.	7.50	10.80

De toutes ces observations l'on se croit fondé à conclure :

1° Que si l'on voulait satisfaire à la loi d'égale dégradation, et si l'on admettait le chargement de 2000 kilogrammes (143^k par 0.01) pour le diamètre de 1^m.65, le chargement en faveur du diamètre de 2^m.00 pourrait s'élever bien certainement au delà du chiffre 2,200 kilogrammes (lequel supposait cependant une prime de 1/10.

2° Que tout fait présumer qu'il y a eu à peu près égalité de dégradation, sur les pistes de la charrette de 1^m.65 chargée de 2000 kilogrammes (143 kilogrammes par 0^m.01), et de la charrette de 2^m.00 chargée de $2,500^k$ (178 kilogramme par 0^m.01), c'est-à-dire que la prime pourrait s'élever presqu'au *quart*, pour une augmentation dans le diamètre d'*un cinquième*.

Pour les chariots on a pris pour terme de comparaison *un chariot* avec des roues de devant de 1^m.00 de diamètre, et des roues de derrière de 1^m.65, chargé de 3,500 kilogrammes, c'est-à-dire présentant un poids réduit pour 3ᵉ Expérience sur les diamètres : chariots avec jantes étroites de même largeur et sous divers chargements.

les deux paires de roues (par zone de $0^m.01$) de . . . . 125 kil.)

Et on a mis concurremment en expérience *deux autres chariots* avec des roues de devant de $1^m.30$, et des roues de derrière de $2^m.00$:

L'un chargé de 4,200 kilogrammes, ce qui portait le poids réduit par zone de $0^m.01$ à   150k
L'autre chargé de 4,500 kilogrammes, ou avec un poids réduit par centimètre de   160

On a répété les passages jusqu'à ce qu'on parvînt à un tonnage égal, pour les trois pistes, de 4,800 tonnes.

SÉRIE A. — DIAMÈTRES. — TABLEAU N° 3.

Expériences avec des chariots à jantes étroites de même largeur, sur des diamètres de différentes grandeurs et sous divers chargements.

Date et durée de l'expérience : On a commencé le 25 juin 1831 ; on a fini le 20 juillet 1841, l'expérience a donc duré 25 jours.

Lieu de l'expérience. Route royale n. 31 de Courbevoie à Nanterre, par l'avenue de la caserne.

Piste. Les trois pistes avaient 120 mètres de longueur chacune.

Entretien. Toute réparation a été suspendue.

Arrosage. On a arrosé les pistes de manière à les maintenir constamment mouillées et boueuses.

Tirage. C'est avec le chariot à roues de $1^m.00$ à l'avant-train, et de $1^m.65$ à l'arrière-train qu'ont été relevés les chiffres de tirage ci-après.

		JANTES ÉGALES DE $0^m.07$.						
		$D = 1^m.65$ et $d = 1^m.00$.		$D = 2^m.00$ et $d = 1^m.30$.				
CIRCULATION PRODUITE.		Chargement total $= 3500^k$, et par $0^m.01 = 125^k$ Piste n° 1.		Chargement total $= 4200^k$, et par $0^m.01 = 150^k$ Piste n° 2.		Chargement total $= 4500^k$, et par $0^m.02 = 160^k$ Piste n° 3.		OBSERVATIONS.
Nombre de passages.	Tonnage transporté.	Tirage.	Rapport du tirage à la pression.	Tirage.	Rapport du tirage à la pression.	Tirage.	Rapport du tirage à la pression.	
1200	4193	193	1/18.2	»	»	»	»	
1000	4200	»	»	161.4	1/21.7	»	»	
930	4194	»	»	»	»	175.2	1/20	
1367	4781	169.9	1/20.6	»	»	»	»	
1035	4755	»	»	157.4	1/22.4	»	»	
1062	4779	»	»	»	»	169	1/20.6	

M. Morin a fait en outre mesurer les matériaux nécessaires pour combler les ornières de chaque piste, après l'enlèvement des boues et bourrelets de détritus.

Et voici la mise en regard de ces cubes de matériaux, et des rapports observés entre le tirage et le poids des voitures.

MESURE de la dégradation causée par une égale circulation de 4800 tonnes.	Piste du chariot $D = 1^m.65\ d = 1^m\ 00$ pesant 3500 kil. $\dfrac{P+p}{2} = 125^k$	Piste du chariot $D = 2^m\ 00\ d = 1^m.30$ pesant 4200 kil. $\dfrac{P+p}{2} = 150^k$	Piste du chariot $D = 2^m.00\ d = 1^m.30$ pesant 4500 kil. $\dfrac{P+p}{2} = 160^k$	OBSERV.
Rapport du tirage à la pression. . . . Quantités de matériaux employés. .	1/20.60 m.c. 14.70	1/23 m.c. 12.40	1/21.70 m.c. 15.40	

D'où l'on conclut :

1° Que le chariot ($D = 2^m.00\ d = 1^m.30$) chargé de 4200^k (ou de 160^k par $0^m.01$), a produit des dégradations moindres que le chariot ($D = 1^m.65, d = 1^m.00$) chargé de 3500^k (ou 126^k par $0^m.01$), c'est-à-dire que la prime pour augmentation de 3/10 sur les petites roues, et de 35/165 sur les grandes, ou d'environ *un quart*, en prenant les réduites des deux diamètres peut s'élever au delà *d'un cinquième* (25).

2° Que la loi d'égale dégradation, qu'il paraît si naturel et si juste d'admettre, permettrait, *même pour le chariot*, d'élever la prime beaucoup plus encore, puisque le chargement 4500^k avec des roues de $2^m.00$, et de $1^m.30$, qui suppose une prime de $\frac{2}{7}$, n'a point produit sensiblement plus de dégradations que le chargement de 3500^k sur des roues de $1^m.65$ et de $1^m.00$; c'est-à-dire avec une différence dans les diamètres de $\frac{1}{3}$.

3° Que dès lors ces faits autorisent l'adoption comme chargement, des primes proportionnelles aux diamètres.

Réglementation des voitures à quatre roues.

La loi des diamètres une fois admise, on a dû en conclure :

1° Le rapport entre la charge de l'avant-train et de l'arrière-train d'une voiture à quatre roues, rapport qui se trouve dès lors dériver de la proportion même existant entre les diamètres de ces deux trains ;

2° Le chargement de chaque train de la voiture à quatre roues, chargement qui doit être égal au poids accordé à chacun de ces trains considérés isolément et assimilé à une charrette avec roues de même diamètre;

3° Le chargement total de la voiture à quatre roues, comparée à la voiture à deux roues.

---

(25) Pour la demi-somme des différences dans les diamètres on trouve $\dfrac{1}{2}\left(\dfrac{3}{10} + \dfrac{35}{165}\right) = \dfrac{1}{4}$ environ.

Le chargement 4,280 kilogrammes répond en effet aux 6/5 du chargement 3,500 kilogrammes, choisi pour terme de comparaison.

Et telle est, en effet, la solution de la question, que l'on s'est proposée toutes les fois qu'il s'est agi de faire un nouveau tarif pour le roulage, d'établir un rapport rationnel comme chargement *entre les chariots et les charrettes*.

Le rapport de la Commission de 1814 avait proposé. 3/2

Le rapport de la Commission de 1828, après avoir énoncé que le train de derrière d'un chariot porte généralement les 5/9 de la charge, et qu'en conséquence, le rapport des chargements des chariots aux charrettes devrait être. , ... 9/5

Ce rapport, disons-nous, a cependant conclu, *pour décourager plus encore l'usage des charrettes* (dit le rapport) à un chargement double en faveur des chariots.. 2

La Commission de 1832 et son rapporteur, M. Navier, avaient repris le rapport. 9/5

Mais, d'une part, on voit la divergence qui existait à cet égard entre les divers ingénieurs qui s'étaient occupés de la matière, et, d'une autre part, c'était toujours *un rapport constant* que l'on proposait d'appliquer entre les charrettes et les chariots, et sans avoir égard à aucune condition, autre que la largeur des jantes.

Or, c'était précisément dans l'adoption d'*un rapport constant*, quels que fussent les diamètres des roues des charrettes et des chariots (et surtout des roues de l'avant-train des voitures à quatre roues) qu'il y avait irrationnalité.

La loi de proportionnalité des chargements avec les diamètres vient répondre à toutes ces incertitudes, car, avec une loi-fonction des diamètres, tout ce qui était vague et contradictoire devient d'une clarté, d'une vérité parfaite.

Il n'était pas possible, en effet, de ne pas avoir le sentiment, au moins, de la très-grande différence qu'il y avait comme tirage, comme dégradation de route, dans l'emploi des divers diamètres pour les roues de chariots et de charrettes.

Et cependant, non-seulement les grands diamètres ne donnaient droit à aucun avantage, mais au contraire, par cela même qu'on n'accordait aucune augmentation de chargement pour les roues plus hautes, malgré leur plus grand poids, le commerce était amené, si ce n'est forcé, à renoncer aux grands diamètres, afin de transporter le plus possible de poids utile.

Une loi-fonction des diamètres, au contraire, accorde, non pas seulement une augmentation de poids qui permette à l'industrie, sans aucune réduction sur le poids utile, d'employer des roues à plus grand diamètre, mais en dehors de cette première et nécessaire concession, elle assure une prime considérable.

Elle prend en considération jusqu'aux moindres efforts que fera l'industrie pour entrer dans cette voie (du reste si favorable au tirage) des grands diamètres, car, non-seulement elle étage les primes pour les charrettes, par exemple, en raison des divers accroissements de diamètres que le commerce jugera utiles ou possibles, mais pour les chariots, elle dispose ce tarif de manière à tenir compte isolément et séparément des accroissements de diamètres qu'il sera jugé convenable de donner et aux roues de derrière et aux roues de devant.

Il est inutile de faire remarquer du reste que les développements comme application de la loi des diamètres, ont leur limite dans la force même des choses.

Pour les charrettes, la dimension-limite des grandes roues est donnée par la taille même des chevaux disponibles; les brancards ne doivent se trouver que très-peu inclinés vers le cheval, autrement le chargement viendrait par suite des secousses inévitables, si ordinaires surtout aux charrettes, fatiguer considérablement le cheval-limonier.

Pour les chariots, une autre considération, jusqu'à présent du moins et pour les chargements de masses surtout, a empêché de faire usage de grandes roues, et vient s'ajouter à l'inconvénient de diminuer ainsi et sans compensation le poids utile.

C'est la nécessité impérieuse de mettre entre les deux trains le chargement en saillie, et en dehors des brancards.

Or, à cette fin, il est très-important d'avoir le plus de longueur possible de brancard libre, et partant de restreindre autant que faire se peut la longueur occupée par la roue de derrière, c'est-à-dire de diminuer le diamètre des roues de l'arrière-train.

Au surplus, l'administration reste de son côté toujours maîtresse de mettre une limite aux primes à accorder pour les accroissements de diamètres, de même qu'elle a toujours déterminé à quelle largeur de bande doit s'arrêter la loi proportionnelle d'accroissement des chargements en raison de la largeur de jantes.

CHAPITRE IV.

LOI PROPORTIONNELLE AUX LARGEURS DES JANTES.

Chargements proportion-
nels à la largeur des jantes.

Cette loi est celle qui se présente le plus naturellement à l'esprit ; c'est aussi celle qui a généralement servi de base aux divers tarifs étudiés ou mis en action , soit en France , soit en Angleterre.

Et en effet , si l'on pouvait admettre que les bandes fussent en juxta-position parfaite avec la route sur leur largeur entière , ce serait adopter la loi d'égale pression pour chaque zone de toutes les roues, quelle que fût la largeur des jantes.

Mais il est loin d'en être ainsi ; d'une part, les diverses zones de la roue en contact avec le sol ne pressent point également, et d'une autre part, les jantes larges ne portent que rarement sur leur largeur entière.

Faveur longtemps accordée
aux jantes larges.

Cependant on a pensé longtemps le contraire ; on a été même plus loin, on a attribué aux jantes larges la faculté d'opérer sur les routes à la manière des cylindres compresseurs.

De là l'opinion qu'il fallait favoriser les jantes larges en leur accordant *par zone élémentaire de* 0^m.01, un poids bien plus considérable qu'aux jantes étroites.

Règlement de 1806.

Et cette opinion fut en effet exprimée d'une manière bien remarquable dans la réglementation primitive de 1806, puisque la mesure de son crédit d'alors est représentée par les chiffres comparatifs qui suivent (26) ;

---

(26) L'instruction envoyée par M. de Montalivet, directeur général des ponts et chaussées , pour l'exécution du décret du 23 juin 1806 , porte la date du 15 juin 1807.

Cette instruction est fort développée ; on y lit :

« Des expériences ont été faites avec le plus grand soin (*) ; elles avaient pour objet de trouver » la largeur la plus convenable à donner aux jantes, d'après les effets de la pression de divers ·» poids sur des surfaces données.

» Le résultat de ces expériences a fait connaître les dimensions qui réunissent le mieux les deux » avantages qu'il fallait obtenir ; diviser le poids sur une plus grande surface et ne pas augmenter » le frottement, de manière à ne pas gêner la marche des voitures. »

Malheureusement, et ainsi que nous l'apprend le rapport au Roi, joint à l'ordonnance du 15 février 1837 :

« Il ne reste aucune trace des expériences qui ont été faites d'après le vœu de la loi du 7 ventôse an XII, et l'on ignore sur quelles bases a été proposé le décret de 1806. »

(*) La loi du 7 ventôse an XII (27 février 1804), art. 7, portait :

« Le gouvernement modifiera le tarif du poids des voitures à leur chargement porté dans la loi du 29 floréal an X, *d'après les expériences faites sur les roues à larges jantes*, ordonnées par la présente loi. »

MESURE totale ou unitaire des chargements.	Jantes de 0^m.11.		Jantes de 0^m.14.		Jantes de 0^m.17.		Jantes de 0^m.25.		OBSERVATIONS.
	Hiv.	Été.	Hiv.	Été.	Hiv.	Été.	Hiv.	Été.	
Chargements totaux.	2200	2700	3400	4100	4800	5800	6800	8200	
Chargem^t. par zone de 0^m.01	100	123	121	146	141	170	136	164	

Ainsi, l'avantage en faveur des jantes de 0^m.17 était de *deux cinquièmes en hiver* (*).

On avait du reste arrêté la loi progressive des primes aux jantes de 0^m.17, mais on avait continué (suivant une loi simplement proportionnelle aux largeurs de jantes) à augmenter les poids jusqu'aux jantes de 0^m.25 à raison de 136 kil. (hiver) et de 164 kil. (été) par zone de 0^m.01.

Les jantes de 0^m.17 répondent donc dans ce tarif à un maximum relatif par zone. Mais les jantes de 0^m.25 n'avaient pas moins la permission de porter *sur deux roues* 6800 kil. (hiver) et 8200 kil. (été).

Les graves inconvénients de ces excessifs chargements ne tardèrent pas à se manifester, mais pendant longtemps au moins il paraît qu'on ne les attribua qu'à la loi progressive et continue des primes, et tout en faisant disparaître cette loi progressive, l'opinion générale, bien que modifiée dans ce sens, réclamait encore la presque proportionnalité entre les chargements et les largeurs de jantes.

C'est en effet ce qui résulte du rapport de la commission de 1814, dont l'esprit et les conclusions se résument par les chiffres suivants :

Projet de réglementation de 1814.

MESURE totale ou unitaire des chargements.	Jantes =0^m.08.		Jantes =0^m.11.		Jantes =0^m.14.		Jantes =0^m.17.		Jantes =0^m.20.		Jantes =0^m.23.		Jantes =0^m.26.	
	Hiver.	Été.	Hiver.	Été.	Hiver.	Été.	Hiver.	Été.	Hiver.	Été.	Hiver.	Été.	Hiver.	Été.
Chargements totaux. . . .	1600	2000	2132	2665	2668	3332	3200	4000	3680	4600	4026	5030	4266	5310
Chargem^t par zone de 0^m.01.	100	125	97	121	95	119	94	117	92	115	87	109	82	102

On remarquera cependant qu'ici la loi de proportionnalité est affectée d'une décroissance à peu près régulière au fur et à mesure que les jantes augmentent de largeur.

(*) Comme extension de la même opinion, on avait attribué *aux chariots à voies inégales*, des avantages tels que les chariots ainsi disposés à jantes de 0^m.22, pouvaient charger, et peuvent *charger encore aujourd'hui*, en hiver 9500^k; et en été 11,400^k.

Ainsi , le tarif d'hiver passe successivement de 100^k à 82^k
le tarif d'été ———— *idem* ———— de 125 à 102.
Ainsi , la décroissance finale est de près de 1/5ᵉ quand on arrive aux jantes de $0^m.25$.

On se rappelle au surplus que la commission de 1814 avait rendu le service d'appeler l'attention de l'administration sur la régularité des lois à adopter comme tarif, et qu'à cet effet elle avait représenté graphiquement par des courbes et les divers tarifs existants , et le projet de tarif par elle présenté ; ajoutons que la courbe qui reproduisait le tarif sus-relaté, était d'une continuité et d'une simplicité tout à fait heureuses. Enfin on abaissait pour la charrette le chiffre maximum de 8.200 à 5.310 ,ce qui était d'une importance capitale.

Cependant le règlement de 1806 continua de régir la police du roulage.

La commission de 1838 vint de nouveau traiter cette question; et il faut supposer que le tort causé par les énormes chargements écrits au décret de 1806, s'était de plus en plus manifesté , car malgré les lumières qui surabondaient en quelque sorte au sein de cette commission (27), il arriva , ce qui se remarque souvent , que l'excès des latitudes jusque-là accordées dans le chargements , amena un véritable excès de prudence , et partant un tarif tout à fait insuffisant pour l'industrie des transports.

Mais ce que nous voulons constater pour la question qui nous occupe en ce moment :

C'est que, d'une part, la commission avait senti la nécessité de borner le tarif aux jantes de $0^m.17$, c'est-à-dire de ne pas accorder plus aux jantes de $0^m.25$ qu'aux jantes de $0^m.17$, ce qui équivalait à frapper d'incapacité commerciale les jantes au-dessus de $0^m.17$;

Et, d'une autre part , que la commission admettait la loi de la proportionnalité entre les chargements et les largeurs des jantes, en posant à la vérité , comme limites extrêmes, d'une part , les jantes de $0^m.11$, et, de l'autre part, les jantes de $0^m.17$.

Voici en effet les chiffres proposés par la commission :

CHARGEMENTS totaux et unitaires.	JANTES DE $0^m.11$,				JANTES DE $0^m.14$,				JANTES DE $0^m.17$,			
	à flèche.		à limonier.		à flèche		à limonier.		à flèche.		à limonier.	
	Hiver.	Été.	Hiver.	Été.	Hiver.	Été.	Hiver.	Été.	Hiver.	Été.	Hiver	Été.
Chargements totaux. . . .	1600	2000	1440	1800	2000	2500	1800	2250	2400	3000	2160	2700
Chargem. par zône de $0^m.01$.	72	90	65	82	71	89	64	80	70	91	63	79

(27) M. le rapporteur de la Commission de 1814 en faisait partie, MM. Bérigny et Cavenne en étaient aussi membres , M. Brisson en était le rapporteur.

Lesquels chiffres supposent le même chargement par zone de o^m.01, pour les trois jantes de o^m.11, de o^m.14 et de o^m.17.

Remarquons en passant que la commission de 1828 avait cependant effacé du tarif les jantes de o^m.08, admises, au contraire, par la commission de 1814.

M. Navier, en 1835, dans sa brochure : *Considérations sur les principes de la police du roulage*, reproche au tarif de 1806 d'avoir admis *dans les chargements une augmentation plus rapide que l'accroissement des jantes* (p. 23), et propose nettement de *proportionner les chargements à la largeur des jantes* (p. 29). Projet de 1835.

Telles avaient été en effet les conclusions de la commission nommée en 1832 et dont M. Navier avait été le rapporteur.

Elles se formulaient ainsi qu'il suit :

CHARGEMENTS totaux et unitaires.	Jantes de o^m.08.		Jantes de o^m.11.		Jantes de o^m.14.		Jantes de o^m.17.		OBSERVATIONS.
	Hiver.	Été.	Hiver.	Été.	Hiver.	Été.	Hiver.	Été.	
Chargements totaux.	1600^k	1920^k	2200^k	2640^k	2800^k	3360^k	3400^k	4080^k	
Chargements par zone de o^m.01.	100^k	120	100^k	120	100^k	120	100^k	120	

C'était une loi, comme on le voit, de proportionnalité parfaite, laquelle embrassait les jantes de o^m.08, et s'étendait toujours jusqu'aux jantes de o^m.17.

L'ordonnance du 15 février 1837 a basé, à très-peu de différence près, sur ces conclusions le tarif qui a été enfin substitué à la réglementation de 1806, laquelle, depuis 30 années, avait été un si juste sujet de critique (28). Réglementation de 1837.

Les chiffres en sont les suivants :

CHARGEMENTS totaux et unitaires.	Jantes de o^m.11.		Jantes de o^m.14.		Jantes de o^m.17.		OBSERVATIONS.
	Hiver.	Été.	Hiver.	Été.	Hiver.	Été.	
Chargements totaux. . .	2700^k	3200^k	3500^k	4100^k	4200^k	4900^k	
Chargements par zone de o^m.01.	114^k	145^k	125^k	146^k	123^k	144^k	

(28) Les chargements excessifs attribués aux jantes de o^m.17, de o^m.22 et de o^m.25, ont cependant continué à être autorisés:

1° Par l'art. 4 de l'ordonnance du 15 février 1837 ; 2° Par l'art. 1er des ordonnances de prorogations successives des 21 décembre 1838, 3 février 1840, 31 janvier 1841.

On remarque dans ce projet de tarif, d'abord que la réglementation a de nouveau été circonscrite entre les limites $0^m.11$ et $0^m.17$, comme largeurs de jantes, et ensuite que les jantes les plus étroites (ici de $0^m.11$) se trouvent moins favorisées en *hiver* que les jantes de $0^m.14$ et $0^m.17$.

Enfin, comme document officiel le plus récent en fait de révision de cette même question, nous rapportons le tarif joint au rapport de la commission de la Chambre des Députés de 1838.

CHARGEMENTS totaux et unitaires.	JANTES DE $0^m.08$.		JANTES DE $0^m.11$.		JANTES DE $0^m.14$.		JANTES DE $0^m.17$.		OBSERVATIONS.
	Hiver.	Été.	Hiver.	Été.	Hiver.	Été.	Hiver.	Été.	
Chargements totaux.	1900 k	2200 k	2700 k	3200 k	3500 k	4100 k	4200 k	4900 k	
Chargements par zone de $0^m.01$.	119 k	137 k	114 k	145 k	125 k	146 k	123 k	144 k	

Ce tarif, comme on le voit, est identique avec le précédent ; seulement, et conformément aux propositions du gouvernement, il embrasse la jante de $0^m.08$.

On peut donc dire que la loi de la proportionnalité entre le chargement et la largeur des jantes avait été constamment admise dans le cours de cette longue instruction administrative.

Il s'était cependant élevé des doutes dans beaucoup de bons esprits sur la rationnalité de cette loi, en ce qui concernait les jantes de $0^m.17$.

Observations de M. Dupuit contre les jantes larges.

Mais M. Dupuit le premier formula et publia une sorte de protestation raisonnée contre la faveur accordée aux larges jantes (29).

Pour étayer cette opinion, presque hardie alors, M. Dupuit citait les opinions imprimées et de M. Schwilgué (30) et de M. Navier (31), et la déclaration de M. James Mac-Adam (32) lors de l'enquête faite, en 1831, par le comité de la Chambre des Communes d'Angleterre.

---

(29) La brochure publiée par cet ingénieur, *Essais et expériences sur le tirage des voitures, etc.*, porte le millésime de 1837.

(30) SCHWILGUÉ, page 194. « Pour que la proportionnalité des pressions aux largeurs de bandes puisse être appliquée aux roues des voitures, il faudrait que *leurs jantes portassent dans toute leur largeur*, ce qui n'a pas lieu dans l'état actuel des choses, à cause des inégalités que présente la chaussée ; aussi la proportionnalité ne doit-elle pas être observée. »

(31) NAVIER, *Considérations*, etc., page 38 « La surface sur laquelle porte la jante, présente généralement des inégalités, et il arrive fréquemment qu'une large jante se trouve supportée de la même manière que le serait une jante plus étroite ; l'avantage résultant de l'excès de largeur disparaît alors, et la jante large chargée d'un lourd fardeau écrase des matériaux qui auraient résisté à l'action d'une jante étroite moins pesante. »

(32) *Navier*, page 145. Voici comment s'exprime M. James Mac-Adam : « En ayant égard seu-

Ces ingénieurs avaient fondé ces assertions sur les inégalités ou sur la forme même de la chaussée.

Par une expérience directe, M. Dupuit avait d'ailleurs constaté qu'une bande de $0^m.17$ pouvait ne porter que sur $0^m.09$ (33).

M. Dupuit ajoutait que par suite de l'usé du fer, une bande de $0^m.17$ de largeur n'est réellement au bout de quelques jours qu'une bande de $0^m.14$ à $0^m.15$, et au bout de quelques mois qu'une bande de $0^m.11$ à $0^m.12$ pour la route ; et il a donné dans son ouvrage le profil vrai et relevé sur place de ces jantes usées, de même qu'il avait évalué cet usé à 240 kilogrammes pour un parcours de 4800 lieues (page 113).

M. Morin, également dans son premier mémoire publié en 1839, *Expériences sur le tirage des voitures*, disait, page 37, qu'il était inutile, pour les routes ordinaires en bon empierrement, de porter la largeur des jantes au delà de $0^m.10$ à $0^m.12$.

Opinion de M. Morin pour ne pas dépasser les largeurs de $0^m.10$ à $0^m.12$.

Mais il était à désirer que des expériences plus décisives vinssent confirmer la condamnation des larges jantes, et préciser ce qu'il pouvait y avoir à confirmer ou à rectifier concernant la loi de la proportionnalité admise jusqu'alors entre les chargements et les diverses autres largeurs de jantes.

Or, deux séries d'expériences ont été faites pour éclaircir ces deux points.

Expériences spéciales et récentes.

Pour mesurer la valeur réelle des jantes de $0^m.175$, on a comparé deux chariots avec des roues de même diamètre ($1^m.45$) et tous deux avec même poids de 5516^k, mais avec diverses largeurs de jantes ; savoir : pour l'un des chariots de $0^m.115$, et pour l'autre de $0^m.165$ de largeur.

On a poussé jusqu'au chiffre de 8326 tonnes (répondant à 1509 passages) la circulation de ces deux chariots sur deux pistes distinctes.

SÉRIE B. — LARGEURS DES JANTES. — TABLEAU N° 4.

Expériences, avec même diamètre de roue, sur des jantes de diverses largeurs, et sous un même chargement.

Date et durée des expériences. On a commencé le 17 juin 1839 ; on a fini le 24 juillet ; 37 jours.

Lieu de l'expérience. Route départementale n° 8, de Courbevoie à Bezons.

Pistes. Les pistes avaient chacune 200^k de longueur, les parcours se faisaient toujours allée et retour.

1re Expérience sur la largeur des jantes ; avec un même diamètre, et sous un même chargement.

« lement à l'intérêt de la route, je préférerais une roue de $4^p\frac{1}{2}$ ($0^m.114$) à bandes plates, à aucune
« autre espèce de roues qui peut être faite, étant d'opinion *qu'une bande de plus grande largeur*
« *ne peut jamais toucher la surface d'une grande route bien faite.* »

D. Alors vous préféreriez cette largeur comme la largeur minimum des roues, quelle que soit la charge ?

R. Oui, *je ne pense pas qu'aucune augmentation de largeur fût utile.*

(33) *Dupuit*, page 110. « Nous avons fait d'ailleurs une expérience directe qui nous paraît concluante ; en faisant passer des voitures de diverses largeurs de bandes sur des chaussées légèrement mouillées, l'humidité traçait alors, sur le milieu de ces bandes, des zones de largeur à peu près égales ; elles n'étaient guère que de $0^m.09$. On reconnaît aussi par l'examen du frayé *que la pression ne se répartit même pas uniformément dans toute cette largeur, et que près des bords elle est presque nulle.* »

Entretien. Toute réparation a été suspendue pendant les 37 jours consécutifs d'expérimentation.

Arrosage. Pour accélérer les dégradations, on versait en deux fois, à six heures du matin et à une heure, environ 12 litres par mètre quarré d'ornières, sur $0^m.50$ de largeur, au droit de chaque piste.

Tirage. C'est successivement en faisant passer, et sur les trois pistes et sur la route vierge, les trois véhicules mis en expérience, qu'on a obtenu les chiffres ci-après :

CIRCULATION PRODUITE.		CHARIOTS à quatre roues égales. Diamètre $= 1^m.45$. Chargement total constant $= 5516^k$.						ROUTE vierge.	
		Jantes de $0^m.06$. Charge par $0^m.01 = 229^k$.		Jantes de $0^m.105$. Charge par $0^m.01 = 120^k$.		Jantes de $0^m.175$. Charge par $0^m.01 = 79^k$.			
Nombre des passages.	Tonnage transporté.	Tirage.	Rapport du tirage à la pression.	Tirage.	Rapport du tirage à la pression.	Tirage.	Rapport du tirage à la pression.	Tirage.	Rapport du tirage à la pression.
		1° Chiffres obtenus par le passage du chariot à jantes de $0^m.175$.							
824	tonnes. 4545	282.4	1/19.5	»	»	»	»	»	»
818	4512	»	»	193	1/28.6	»	»	»	»
822	4534	»	»	»	»	152	1/30	»	»
		2° Chiffres obtenus par le passage du chariot à jantes de $0^m.06$.						Partie très-sèche.	
978	5295	269	1/20.6	»	»	»	»	89.50	1/61.8
994	6178	»	»	205	1/28.7	»	»	Partie un peu humide.	
972	4964	»	»	»	»	183	1/30	111.6	1/49.5
		3° Chiffres obtenus par le passage du chariot à jantes de $0^m.115$.							
1509	8324	»	»	370	1/15	»	»	Partie très-sèche.	
1509	8324	»	»	»	»	341.70	1/16.2	92.6	1/59.5

Et la dégradation a semblé la même pour ces deux largeurs de jantes ;

Et les chiffres comparatifs du rapport du tirage à la pression ont été en effet à peu près les mêmes :

Jantes de $0^m.115$.	Jantes de $0^m.175$.
1/15	1/16.20.

Tandis que pour un troisième chariot de même diamètre de roue, de même poids, mais de $0^m.06$ de largeur de jantes, les ornières étaient devenues tellement dangereuses, après un parcours de 1180 passages (tonnage 4,520 tonnes), qu'il avait fallu suspendre l'expérience pour ne pas blesser les hommes et les chevaux.

Pour juger si la loi de proportionnalité entre les chargements et les largeurs de jantes satisfait à la condition d'égale dégradation, on a expérimenté *trois chariots* ou voitures à quatre roues d'un diamètre égal ($1^m.45$), mais à jantes inégales et avec des chargements proportionnels (véhicules compris) auxdites largeurs de jantes; savoir :

à jantes de 0ᵐ.06, et avec chargement de 2400ᵏ
à jantes de 0 .115, et avec chargement de 4600
à jantes de 0 .175, et avec chargement de 7000

} Ce qui suppose, pour les trois largeurs de jantes par zone de 0ᵐ.01, une charge de 100ᵏ.

On a fait circuler ces trois véhicules toujours sur trois mêmes pistes, bien que distinctes les unes des autres.

On a poussé la circulation de chaque véhicule jusqu'à un même chiffre de tonnage de 7000 tonnes.

Série B.—Largeurs des jantes.—Tableau nº 5.

Expériences, avec même diamètre de roue, sur des jantes de diverses largeurs, et sous des chargements proportionnels aux largeurs de jantes.

Date et durée de l'expérience. On a commencé le 22 mars 1839, on a fini seulement le 4 mai; la durée de l'expérience a été de 42 jours.

Lieu de l'expérience. Route départementale nº 8 de Courbevoie à Bezons, entre les chemins de fer de Versailles et de Saint-Germain.

Pistes. Les pistes avaient environ chacun 300ᵐ de longueur.

Entretien. Suspension de toute réparation.

Arrosage. Il n'y a pas eu d'arrosage. Aussi on voit combien la marche des dégradations a été lente, et cependant pendant les quinze premiers jours le temps avait été constamment pluvieux.

Tirage. C'est en faisant passer sur les trois pistes et sur la route vierge les véhicules à jantes de 0ᵐ.115 et de 0ᵐ.175, mis en expérience, que l'on a obtenu les chiffres ci-après.

2ᵉ Expérience avec un même diamètre, et sous des chargements proportionnels.

CIRCULATION PRODUITE.		CHARIOTS à quatre roues égales. — DIAMÈTRE = 1ᵐ.45.						ROUTE VIERGE.	
		Jantes de 0ᵐ.06. Charge totale = 2408ᵏ, et par 0ᵐ.01=100ᵏ.		Jantes de 0ᵐ.115. Charge totale = 4594ᵏ, et par 0ᵐ.01=100ᵏ.		Jantes de 0ᵐ.175. Charge totale = 6992ᵏ, et par 0ᵐ.01=100ᵏ.			
Nombre des passages.	Tonnage transporté.	Tirage.	Rapport du tirage à la pression.	Tirage.	Rapport du tirage à la pression.	Tirage.	Rapport du tirage à la pression.	Tirage.	Rapport du tirage à la pression.
		1º Chiffres obtenus par le passage du chariot à jantes de 0ᵐ.115							
652	1564 8	189	1/24.20	»	»	»	»	Dégel très-mouillé boue épaisse.	
654	3022.8	»	»	203.30	1/22.6	»	»	184.7	1/26.7
640	4480	»	»	»	»	222.40	1/20.6	très-sèche. 124.8	1/56.3
		2º Idem, la route étant très-sèche.							
1014	4664	»	»	98.60	1146.70	»	»		
		3º Chiffres obtenus par le passage du chariot à jantes de 0ᵐ.175 (route très-sèche).							
1486	3566	192.40	1/44.20	»	»	»	»		
1426	6560	»	»	215	1/32.50	»	»		
1006	7034	»	»	»	»	236	1/24.40		
3107	7482	4º Dernières observations. Aucune trace de dégradation.							
1742	8003			Peu d'ornière.--Un frayé très-marqué.					
1006	7034					Ornières très-notables.			

Voici quel a été le résultat de ces expériences : la piste de la voiture à jantes de $0^m.06$ n'offrait aucune trace d'ornière ni même de frayé.

La piste de la voiture à jantes de $0^m.11$ ne présentait d'altération notable que sur 5o à 6o^m ; le reste de 3oo^m était en bon état sans désagrégation apparente, ni frayé sensible.

La piste de la voiture à jantes de $0^m.175$ avait bien plus souffert que les deux précédentes. Les dégradations s'étaient successivement accrues de manière à former des ornières très-notables.

Les jantes étroites ont droit à un chargement un peu plus fort par zone de $0^m.01$ que les jantes larges.

D'où l'on a conclu d'une part que la loi des proportionnalités n'est pas exacte, et d'une autre part, que contrairement aux idées admises jusqu'à ce jour il faut entendre cette inexactitude dans ce sens que pour satisfaire à la loi d'égale dégradation, ce sont les jantes étroites, et non les jantes larges, qui doivent être favorisées ; c'est-à-dire que par zone de $0^m.01$, les jantes de $0^m.06$ peuvent porter davantage que les jantes de $0^m.115$.

Autrement dit :
Si on appelle Q le chargement
n le nombre des roues,
K le poids par zone de $0^m,01$,
l la largeur *en centimètres* de la jante la plus étroite,
L la largeur *en centimètres* d'une jante quelconque,
La loi proportionnelle à la largeur des jantes est, comme on sait, $Q = nKL$.
Et pour favoriser davantage les jantes étroites, sans cesser d'appliquer une loi simple comme celle qui serait graphiquement représentée par une ligne droite, il y aurait lieu d'essayer cette expression :

$$Q = nK\left(l + \frac{a}{b}(L - l) \right),$$

Dans laquélle, au lieu de procéder, en partant de la jante la plus étroite, *par la loi des différences* entre les largeurs successives des jantes, on procéderait par *une fraction constante de ces différences* de largeurs.

On a, par exemple, fait une expérience d'après cette condition $\frac{a}{b} = \frac{1}{2}$, ce qui donne $Q = nK\left(l + \frac{L - l}{2} \right)$,
C'est-à-dire suivant la loi *des demi-différences*.
Ainsi la jante la plus étroite étant supposée $0^m.06$, et le chargement par zone de $0^m.01$ étant supposé de 15o^k, on a eu :
Q ou chargement (34), avec la jante de $0^m.06 = 4 \times 15o \times 6 = 55oo^k$.

Q ou chargement avec la jante de $0^m.115 = 4 \times 15o\left(6 + \frac{115 - 6}{2} \right) = 4 \times 15o \times 8.75 = 525o^k$.

(Tandis que la loi de la proportionnalité eût donné pour la même jante de $0^m.115$, $4 \times 15o \times 11.5o = 69oo$.)

C'était, comme l'on voit, augmenter de beaucoup (*de moitié*) le poids permis par zone de $0^m.01$, pour la jante de $0^m.06$; et c'était d'une autre part réduire *de moitié* l'augmentation accordée aujourd'hui en faveur des larges jantes, comparativement aux jantes étroites.

Les expériences ont été faites sur deux chariots avec des roues de même diamètre :

Mais l'un avec des jantes de 0ᵐ.115, chargé de 525o^k. et par 0ᵐ.01. . . . .   511^k.
Et l'autre avec des jantes de 0ᵐ.06, chargé de 36oo^k. et par 0ᵐ.01. . . . .   11o^k.

Et après avoir poussé la circulation dans cette expérience à 7000 tonnes, on a obtenu pour rapport du tirage à la pression :

Après 1992 passages pour les jantes de 0ᵐ.06 le rapport 1/19.1
Après 1382 passages pour les jantes de 0ᵐ.115 le rapport 1/23.2.

Série B.—Largeurs des jantes.—Tableau nº 6.

Expériences sur la modification à apporter à la loi de la proportionnalité en faveur des jantes étroites.

Date et durée de l'expérience. du 12 août au 4 septembre 1839, 23 jours.
Lieu de l'expérience. Route départementale nº 23, de Courbevoie à Colombes.

3e Expérience. — Recherches sur la mesure des plus forts chargements unitaires à accorder aux jantes étroites

| CIRCULATION PRODUITE. | | CHARIOTS A QUATRE ROUES ÉGALES.
Diamètre=1ᵐ.45. | | | | ROUTE VIERGE. | |
| | | Jantes de 0ᵐ.06.
Charge totale=36oo^k
Et par 0ᵐ.01 = 15o^k | | Jantes de 0ᵐ.115.
Charge totale=525o^k
Et par 0ᵐ.01 = 115^k | | | |
Nombre des passages.	Tonnage transporté.	Tirage.	Rapport du tirage à la pression.	Tirage.	Rapport du tirage à la pression.	Tirage.	Rapport du tirage à la pression.
		1º Chiffres obtenus avec le chariot de 0ᵐ.06 de largeur de jantes.				Route frayée.	
	tonnes.						
138o	4979	193	1/19.4	»	»	86.3	1/41.9
1388	7287	»	»	181.9	1/19.8		
		2º Chiffres obtenns avec le chariot de 0ᵐ.175 de largeur de jantes.				Route un peu humide.	
144o	5196	234	1/15	»	»	82.5	1/41.8
1388	7287	»	»	210	1/16.7		
		3º Chiffres obtenus avec le chariot de 0ᵐ.06 de largeur de jantes.				Un peu de poussière.	
1992	7187	189	1/19.1	»	»	64	1/56.3
1388	7287	»	»	155	1/23.2		

C'est-à-dire que la loi qui suppose l'accroissement des chargements, *proportionnel seulement à la demi-différence* des largeurs de jantes, devient à son tour défavorable aux larges jantes, ce qui signifie dans l'espèce, que pour obtenir le même rapport entre le tirage et la pression, il aurait fallu charger davantage les jantes de 0ᵐ.115.

C'est donc entre les limites $\frac{a}{b} = 1$ et $\frac{a}{b} = \frac{1}{2}$ qu'il faudrait chercher, par de nouvelles expériences, la loi qui s'approche le plus de la vérité.

Quoi qu'il en soit, il reste toujours démontré qu'il serait rationnel d'accorder quelque augmentation aux jantes étroites.

Lorsqu'on vient, du reste, à manier les diverses valeurs intermédiaires de $\frac{a}{b} < 1$, c'est-à-dire à adopter des échelons moins élevés que suivant la loi proportionnelle, on reconnaît qu'il faut tout de suite augmenter considérablement le chargement initial des faibles jantes.

Ainsi par exemple :

Pour atteindre un même chiffre de 3000 kil. pour les charrettes de $0^m.12$ de largeur de jantes, voici les éléments qu'il faudrait adopter :

	Bande de $0^m.07$.	Bande de $0^m.12$.
Loi des différences, ou de la proportionnalité à raison de 125^k. par centimètre....................................	$1,750^k$.	$3,000^k$.
Loi des demi-différences, à raison de 157^k. 90 par centimètre pour la jante de $0^m.07$.........................	2,210	
Et ce chiffre unitaire se réduit toujours à 125^k. pour la jante de $0^m.12$.		3,000

C'est-à-dire qu'il faut augmenter de 460 kil., ou des 5/18 environ, le chargement initial 1,750 kil. de la jante de $0^m.07$.

Or, c'est pour être complétement maître de régler à volonté cette augmentation, c'est aussi pour ne troubler que le moins possible, dans ses chiffres, la loi si simple de la proportionnalité, que, pour répondre cependant à la fois et à d'importantes conditions industrielles, ainsi que nous le verrons plus tard, et aussi aux indications des expériences qui précèdent, nous proposerons de maintenir un certain chiffre de tolérance applicable comme constante à toutes les largeurs de jantes et pour un même diamètre.

C'est en effet un véritable jeu de prime qui n'agit efficacement qu'au profit des jantes étroites, et qui cesse d'avoir un effet sensible sur les jantes larges.

Ainsi, pour ne pas sortir de l'exemple que nous venons de prendre, admettons toujours le tarif réglé proportionnellement aux largeurs de jantes et à raison de 125 kil. par centimètre de bande.

	Bande de $0^m.07$.	Bande de $0^m.12$.
Ce qui donne.......................................	$1,750^k$.	$3,000^k$.
En introduisant une tolérance constante de 200^k., on obtient	1,950	3,200
Ce qui, par zone de $0^m.01$, remplace la règle de la proportionnalité de 125^k. par les chiffres ci-contre..	139	133

Lesquels diffèrent déjà de 1/20.

L'hypothèse des 200 kil. de tolérance et les résultats sus-énoncés qui en sont la conséquence, répondent donc à la valeur de $\frac{a}{b} = 0.92$.

C'est-à-dire au cas où, au lieu de procéder par les différences, on procéderait par les 0.92 des différences de largeurs de jantes.

On satisfait ainsi à ce que les faibles jantes ont véritablement le droit de réclamer, et cependant on borne cette concession à ce qu'il est nécessaire d'accorder au point de vue de diverses considérations industrielles que nous développerons (34).

Et d'un autre côté, il faut se garder de généraliser dans de trop larges limites cette même loi de proportionnalité entre les jantes et les chargements.

Car de même qu'on a aujourd'hui la certitude que c'est une erreur de l'étendre aux jantes larges supérieures à 0.12, peut-être aussi y aurait-il imprudence de l'appliquer aux jantes étroites, lorsque le chargement par zone de $0^m.01$ dépasse certaine mesure.

Lorsque l'unité de chargement dépasse 125k., il ne doit plus être accordé de faveur aux jantes étroites.

Les rapprochements qui suivent feront ressortir l'intérêt et l'exactitude de cette observation :

1° On a vu *au tableau n° 5* qu'avec un chargement unitaire *de 100 kilogrammes par centimètre de largeur de jantes*, non-seulement la loi de la proportionnalité pouvait sans danger être appliquée aux jantes étroites ; mais que ces mêmes jantes étroites de $0^m.06$, par exemple (sous le régime toujours d'un chargement moyen de 100 par $0^m.01$), pouvaient même prétendre à un chiffre relativement plus élevé que le chiffre unitaire des larges jantes.

2° Et cependant dans les deux tableaux qui suivent dans lesquels à la vérité le chargement, par centimètre de bande, excède de beaucoup 100 kilogrammes, il semble que ce seraient au contraire les jantes larges (de $0^m.12$) qui accuseraient, sous le régime de la même loi proportionnelle une moindre dégradation que les jantes étroites (de $0^m.07$).

Voici en effet le résumé des expériences qui ont été faites pour avoir la mesure du chargement à autoriser pour les jantes les plus étroites.

---

(34) Nous ne quitterons point le *chapitre* 4 sans tirer, au point de vue de la largeur des jantes, une dernière conclusion du tableau n° 6.

Au lieu de se servir, comme véhicule d'observation exclusivement du chariot de $0^m.06$ de largeur de jantes, on remarquera que dans la 2° série de chiffres de tirage on a employé le chariot à larges jantes de $0^m.175$.

C'est avec intention qu'on a voulu ainsi faire passer un chariot à larges jantes dans des ornières relativement étroites qui avaient été creusées par des jantes de $0^m.06$ et même de $0^m.115$, afin de constater le plus grand tirage qui en résulte, et en effet on a trouvé :

VÉHICULE expérimentateur.	Sur la route vierge.		Dans l'ornière des roues de $0^m.115$.		Dans l'ornière des roues de $0^m.06$.		OBSERVAT.
	Tirage.	Rapport du tirage à la pression.	Tirage.	Rapport du tirage à la pression.	Tirage.	Rapport du tirage à la pression.	
Chiffres donnés par la jante de $0^m.175$. .	76.1	1/41.8	203.3	1/16.7	227.3	1/15	

C'est-à-dire que plus l'usage des jantes étroites viendra à se généraliser et plus onéreux deviendra le tirage, et surtout l'emploi des jantes de 0.175, partout où les routes ne seraient pas encore parvenues à un parfait état.

4ᵉ Expérience - détermination pour les chariots du maximum de charge des jantes de 0ᵐ.07.

Une expérience a été faite d'abord *sur trois chariots* à diamètres égaux, mais à jantes inégales, savoir :

Le 1ᵉʳ avec des jantes de 0ᵐ.12 chargé de 7600ᵏ· environ, ou par 0ᵐ.01 . . . . 150 kil.
Le 2ᵉ avec des jantes de 0ᵐ.07 chargé de 4000ᵏ· environ, ou par 0ᵐ.01 143
Le 3ᵉ avec des jantes également de 0ᵐ.07, chargé de 3500ᵏ· environ, ou par 0ᵐ.01 . . 125

Le chiffre du tonnage transporté a été porté à 5,000 tonnes.

SÉRIE B. — LARGEURS DE JANTES. — TABLEAU N° 7.

Détermination du chargement maximum d'un chariot de 0ᵐ.07 de largeur de bande, avec diamètre de D = 1ᵐ.65 à l'arrière-train, et de d = 1ᵐ.00 à l'avant-train.

Date et durée de l'expérience. — Du 21 juillet au 7 août 1841 ; 17 jours.

Lieu de l'expérience. Route départementale n° 3 de Neuilly à Courbevoie, entre le chemin de fer de Versailles et Bezons.

Pistes. Longueur de chaque piste : 150 mètres.

Entretien. Suspension de toute réparation.

Attelage. On a versé, en deux fois et par chaque journée, 10 litres par mètre quarré de piste, sur 0.50 de large

Tirage. Les chiffres ci-après ont été obtenus par le passage du chariot de 0.ᵐ07 de jantes chargé de 3500 ᵏ·, tant sur les trois pistes que sur la route vierge.

DIAMÈTRES ÉGAUX D = 1ᵐ.65 et d = 1ᵐ.00.

Piste n° 1 du chariot de 0ᵐ.12 de jantes. Charge totale = 7222ᵏ; Et par 0ᵐ.01 = 150ᵏ.				Piste n° 2 du chariot de 0ᵐ.07 de jantes. Charge totale = 4000ᵏ; Et par 0ᵐ.01 = 143ᵏ.				Piste n° 3 du chariot de 0ᵐ.07 de jantes. Charge totale = 3496ᵏ. Et par 0ᵐ.01 = 125ᵏ.				Route vierge	
Nombre des passages.	Tonnage transporté.	Tirage.	Rapport du tirage à la pression.	Nombre des passages.	Tonnage transporté.	Tirage.	Rapport du tirage à la pression.	Nombre des passages.	Tonnage transporté.	Tirage.	Rapport du tirage à la pression.	Tirage.	Rapport à la pression.
734	tonnes. 5.33	166.7	1/21	1260	tonnes. 5.040	204.1	1/17.2	1450	tonnes. 5.075	176	1/20	Sèche avec pous[sière] 90.3	1/3
												Légèrement bal[ayée] 80.9	1/4

On a de plus mesuré les matières employées pour araser les ornières après l'enlèvement des boues et des bourrelets de détritus, et on a trouvé :

Piste n° 1. Chariot de 0ᵐ.12 } 14ᵐ·ᶜ·.70   Piste n° 2. Chariot de 0.07 chargé de 4000ᵏ· } 20ᵐ·ᶜ·.4   Piste n° 3. Chariot de 0ᵐ.07 chargé de 3500ᵏ· } 11ᵐ·ᶜ·.80

	Rapports du tirage à la pression.	Matériaux employés.
Or, ce tableau accuse pour les jantes de 0ᵐ.07, avec une charge par 0ᵐ.01 de 143ᵏ·, une dégradation exprimée par.	1/17.20	20.4
Tandis que pour les jantes de 0ᵐ.12, avec une charge par 0ᵐ.01 de 150ᵏ·, ces valeurs sont réduites à.	1/21	14.70

Lorsqu'on opère sur des charges, par 0ᵐ.01, de 140 à 150 kilogrammes, la loi de proportionnalité semblerait donc devoir fléchir dans ce sens que les jantes étroites (de 0m.07) devraient avoir une charge unitaire moindre que les jantes larges (de 0m.12).

Le tableau n° 6, qui donne la mesure des dégradations analogues observées sur *trois charrettes* à diamètres égaux, mais à jantes inégales, n'est pas à la vérité aussi explicite.

5e Expérience; même détermination pour les charrettes.

Les trois charrettes expérimentées sont les suivantes :

La 1re avec des jantes de 0m.12, chargée de 3500 k. environ, et par 0m.01 = 145 kil.
La 2e avec des jantes de 0m.07, chargée de 2300 k. environ, et par 0m.01 = 164
La 3e avec des jantes de 0m.07, chargée de 1300 k. environ, et par 0m.01 = 122

Le chiffre du tonnage transporté a été porté à 4,600 tonnes environ.

SÉRIE B.—LARGEURS DE JANTES.—TABLEAU N° 8.

Détermination du chargement maximum d'une charrette de 0m.07 de largeur de bande, avec diamètre de roue de 1m 65.

Date et durée de l'expérience. Du 20 mai au 9 juin 1841; 20 jours.
Lieu de l'expérience. Route départementale, n° 32, de Courbevoie à Colombes.
Pistes. Longueur ordinaire de 150 mètres.
Entretien. Suspension de toute réparation.
Arrosage. Par jour et par mètre quarré, sur 0m.50 de largeur pour chaque piste, 12 litres avant la formation des ornières, et 8 litres après que les ornières ont été creusées.
Tirage. Les chiffres ci-après ont été recueillis par le passage sur les trois pistes:

1° Du chariot à jantes de 0m.07 chargé de 3500 k.
2° De la charrette à jantes de 0m.07 chargée de 2300 k.

DIAMÈTRE ÉGAL de 1m.65.

Piste n° 1 de la charrette de 0m.12. Charge totale = 3526k; Et par 0m.01 = 145k.				Piste n° 2 de la charrette de 0m.07. Charge totale = 2326k; Et par 0m.01 = 164k.				Piste n° 3 de la charrette de 0m.07. Charge totale = 1896k; Et par 0m.01 = 128k.				Route vierge.	
Nombre des passages.	Tonnage transporté.	Tirage.	Rapport du tirage à la pression.	Nombre des passages.	Tonnage transporté.	Tirage.	Rapport du tirage à la pression.	Nombre des passages.	Tonnage transporté.	Tirage.	Rapport du tirage à la pression.	Tirage.	Rapport du tirage à la pression.
1o Chiffres obtenus par le passage du chariot de 0m.07, chargé de 3500k.													
	tonnes.				tonnes.				tonnes.				
940	3308,8	177.3	1/19.8	1478	3436	184.2	1/191	1888	3395	166.2	1/21.1		
996	3505 9	182.9	1/19.2	1604	3729	168.8	1/20.8	2040	3667.9	148.8	1/23.6		
1300	4571	180.4	1/19.5	1970	4571	177.5	1/19 8	2545	4571	172.5	1/20.3		
2o Chiffres obtenus par le passage de la charrette de 0m.07, chargée de 2300 kil.												122.9	1/28.4
1300	4571	115,4	1/20.1	1970	4571	130.9	1/17.8	2545	4571	119,40	1/19.5		

On a de plus mesuré les matériaux employés pour araser les ornières après l'enlèvement des bones et des bourrelets de détritus, et on a trouvé :

Piste n° 1. Charrette de 0m.12		Piste n° 2. Charrette de 0m.07 chargée de 2300k.		Piste n° 3. Charrette de 0m 07 chargée de 1800k.	
	12m.30.		12m.80.		11m.10.

Ce tableau indique cependant des chiffres relatifs de tirage presque les mêmes :

	Rapports du tirage à la pression.		Matériaux employés.
Ét pour la jante de $0^m.12$, chargée par $0^m.01$, de 163^k.	1/19.5	et 1/20.1	$12^{m.c.}.30$
Et pour la jante de $0^m.07$, chargée par $0^m.01$, de 128^k.	1/20.3	et 1/19.5	$11^{m.c.}.10$

Mais les chiffres de matériaux employés sont néanmoins à l'avantage des jantes étroites, et semblent indiquer la continuation de la loi de la proportionnalité jusques et y compris le chiffre unitaire de 128 kilogrammes (*).

De même que dans le tableau n° 7, la même observation ressort de la comparaison.

De la dégradation due à la jante de $0^m.12$, chargée de $150^k.$ par $0^m.01$, exprimée par $14^k..70$.
De la dégradation due à la jante de $0^m.07$, chargée de $125^k.$ par $0^m.01$, exprimée par $11^k..80$.

Conclusion du chapitre IV.

De tous ces faits, on se croit fondé à conclure que la loi de proportionnalité entre les chargements et la largeur des jantes, se trouve suffisamment justifiée pour les jantes étroites, lorsque la charge unitaire ne dépasse pas 125 kilogrammes (35).

CHAPITRE V.

UNITÉ DE CHARGEMENT OU TERME DE COMPARAISON PAR ZONE DE $0^m.01$.

Recherche d'une unité de chargement comme base du tarif.

Au moyen des lois qui précèdent, il suffit, pour dresser le tarif entier, de connaître *une unité quelconque de chargement* pour une hypothèse donnée, et de diamètres de roues, et de largeurs de jantes.

Il n'existe point encore de méthode bien concluante pour cette détermination.

Pour la détermination rigoureuse de cette unité, il faut le dire, on manque de documents suffisants, et une méthode véritablement rationnelle reste encore à trouver.

On a cherché souvent une solution dans la comparaison qu'on a voulu établir entre le poids des voitures et la résistance des matériaux ; mais à cet

---

(*) On s'explique dès lors le très-grand avantage qu'a dû présenter le chariot comtois, ainsi qu'il sera détaillé au chapitre 8, lequel ne dépasse pas comme chiffre unitaire de chargement 75 kil. par $0^m.01$ de bande.

(55) Sans vouloir tirer de l'observation qui suit une conclusion exorbitante en faveur des jantes étroites, on doit cependant faire remarquer :

Que la charrette de $0^m.07$, chargée de $164^k.$ par $0^m.01$, n'a produit qu'une dégradation exprimée par les chiffres ci-après :

Rapport du tirage à la pression. . . { Mesuré par le chariot de $3500^k.$	1/19.30
— par la charrette de $2300^k.$	1/17.20
Matériaux employés.	$12^m.80.$

Et ces expressions diffèrent peu des chiffres analogues, recueillis sur la piste des jantes de $0^m.12$.

égard nous ne pourrions que répéter ce qu'a dit M. Brisson (36), et surtout cette conclusion :

« Ni le calcul, ni même la connaissance du degré de ténacité d'agréga-
» tion des molécules des pierres, ne peuvent conduire à rien de précis ;
» ces recherches, qui ne deviendraient concluantes qu'autant qu'elles au-
» raient été longtemps continuées et dans des circonstances très-variées ,
» ne seraient encore applicables qu'au point particulier où elles auraient eu
» lieu. »

M. Navier aussi était de cette opinion, lorsqu'après les nombreuses expériences dirigées à cette fin sous ses ordres par M. Raucourt, il disait dans sa brochure, page 15 :

« Sans nous attacher ici à comparer la charge d'une roue à la résistance
» des matériaux qui la supportent, ou à faire d'autres rapprochements de
» cette nature, dont il est toujours facile de contester la conséquence, nous
» constatons seulement ce résultat, que le régime du roulage fondé sur le
» tarif de 1806 , et soumis à l'expérience de 28 ans, n'a pas fait obtenir
» des améliorations suffisantes, etc. »

Les diamètres des roues devaient d'ailleurs jouer un rôle dans cette détermination ; car, comme l'a fait remarquer M. Dupuit, au point de vue de la résistance des matériaux « une législation basée sur l'étendue du contact devait aussi réglementer les diamètres des roues. »

Mais avant de citer les expériences qui, depuis, ont été faites sous l'empire de cette nouvelle considération des diamètres , nous croyons néanmoins devoir rassembler ici les divers chiffres successivement admis comme unités de chargement par les hommes qui se sont spécialement occupés de cette question.

L'unité de comparaison est ici la charge permise *pour la charrette* par zone de 0^m.01 de largeur de jantes , et *quel que soit le diamètre des roues.*

---

(36) *Brisson*, page 22.

‹ Une pierre d'un volume déterminé se comporte différemment sous l'action d'un certain poids en diverses circonstances. ›

‹ Les unes tiennent à la nature de la pierre ; les pierres volcaniques, granitiques, siliceuses, calcaires dures, calcaires tendres, résistent différemment. ›

‹ D'autres causes de variations dans les effets tiennent à la position de la pierre quand la roue se présente pour passer dessus. ›

‹ Une pierre enchâssée et serrée entre d'autres pierres, résiste autrement qu'une pierre isolée ; une pierre posée à plat, autrement qu'une pierre s'appuyant sur un angle ; une pierre chargée perpendiculairement à la surface, autrement qu'une pierre frappée obliquement près d'une arête. ›

‹ Sur un sol légèrement compressible et élastique, la pierre ne s'écrase pas comme sur un rocher. ›

‹ Enfin , l'état de la pierre a encore une grande influence sur son degré de résistance ; quand elle est sèche, par exemple, elle résiste ordinairement mieux que quand elle est baignée d'eau ou seulement dans l'humidité. ›

Nota : Les doubles chiffres indiquent les limites entre lesquelles jouait chaque tarif.

Divers chiffres adoptés ou proposés.

DATE ET DÉSIGNATION des divers tarifs expérimentés ou proposés.	Tarif d'hiver.	Tarif d'été.	Marche de chaque loi.	OBSERVATIONS.
	k. k.	k. k.		
Tarif du 13 juin 1806.	de 100 à 142	de 123 à 150	Loi croissante en faveur des jantes larges.	
Commission de 1814 (M. Tarbé, rapporteur)	100 à 82	125 à 102	Loi décroissante et favorable aux jantes étroites.	
Commission de 1838, (M. Brisson, rapporteur).	à flèche 70 à limonier 65	à flèche 90 à limonier 80	Loi exactement proportionnelle.	
Commission de 1835 (M. Navier, rapporteur).	» 100	» 120	Loi exactement proportionnelle.	
Tarif du 15 février 1837.	de 135 à 130	de 160 à 153	Loi légèrement décroissante et favorable aux jantes étroites.	
Commission de la chambre des députés de 1838.	119 à 125	137 à 145	A peu de chose près, proportionnelle.	

Le dernier tarif légal anglais, imposé par l'acte du parlement du 19 juillet 1823, et donné par M. Navier (*page* 18), présente d'une autre part les chiffres qui suivent (37) :

DÉSIGNATION des jantes.	TARIF D'HIVER.		TARIF D'ÉTÉ.		MARCHE de la loi anglaise.	OBSERVATIONS.
	charge totale.	par centimètre.	charge totale.	par centimètre.		
mèt	k.	k.	k.	k.		
Jantes de 0.114.	2.300	104	2.040	116	La loi est décroissante et dans une proportion très-notable.	
—— de 0.152	2.793	92	3.047	100	Les jantes de $0^m.11$ sont favorisées.	
—— de 0.229.	3.047	66	3.557	77	Les jantes de $0^m.229$, au contraire sont frappées d'une diminut. de poids tout à fait remarquable.	

Il faut surtout attacher une importance toute particulière aux chiffres qui ont été expérimentés, comme aussi aux projets de réglementation les plus modernes, parce que les conditions en ont été convenues en quelque sorte

---

(37) En présence de cette récapitulation de tous les tarifs adoptés et proposés, et des lois croissantes, proportionnelles, ou décroissantes, qui affectent respectivement ces diverses réglementations, nous rappellerons que M. Favier, inspecteur divisionnaire des ponts et chaussées, dans l'ouvrage qu'il vient de faire paraître, intitulé : *Essais sur les lois du mouvement de traction*, etc., établit, *cinquième section* (page 54), précisément en calculant la portée commerciale du tarif anglais de 1823 (avec loi décroissante), que ce système comparé à un tarif exactement proportionnel à la largeur des jantes, a pour conséquences d'économiser annuellement à l'Angleterre 3 millions comme frais d'entretien de route, mais aussi de coûter, comme plus grands frais de transport, 25 millions par an au commerce pour un mouvement d'un million de tonnes de marchandises à un kilomètre de distance.

entre l'administration et le commerce, ou au moins elles ont pu être débattues en présence des nécessités pour ainsi dire actuelles de l'industrie des transports.

Or, on voit que les chiffres maxima de 1806, mis en action pendant 31 années, ont été. . . . . entre 142 ᵏ. et 170 ᵏ.

Que ces chiffres ont été réduits en 1837. ainsi qu'il suit. . . . . . entre 135 et 160

Qu'en 1838, l'administration voulait et que la Commission de la Chambre des Députés proposait l'abaissement de ces chiffres. . . . entre 125 et 145

Néanmoins toutes ces données, depuis les travaux de MM. Dupuit et Morin, sont devenues aujourd'hui incomplètes, irrationnelles, et il est en effet impossible de ne pas faire peser dans le nouveau tarif l'influence totalement négligée jusqu'alors *des diamètres*. La circonstance des diamètres change la question.

Il est d'ailleurs peut-être réservé à cette nouvelle considération de mettre fin à cette lutte si longtemps incessante entre l'administration des routes et l'industrie du transport.

Car on y trouve la conciliation de ces deux pensées en apparence si opposée *d'un tarif bas* et *d'un tarif élevé* pour chaque largeur de jantes. Elle rend conciliables, et un tarif bas pour les routes, et un tarif haut pour le commerce.

D'un tarif bas chaque fois que le diamètre se rapproche du *minimum* du diamètre en usage ;

Et d'un tarif élevé au contraire chaque fois que l'industrie saura tirer ainsi un double avantage des plus grands diamètres de roues ; nous disons un double avantage parce que le tirage aussi, et partant la force à employer en chevaux, diminue avec l'accroissement des diamètres.

C'est donc, avec la mise en jeu de divers diamètres de roues, que l'on a dû chercher, si par des expérimentations dirigées à cette fin, on n'obtiendrait pas quelques lumières sur les limites, au moins, entre lesquelles il fallait circonscrire ces différents tarifs, ou, ce qui revient au même, sur les diverses unités de chargement à appliquer respectivement aux divers diamètres de roues. Tableau général des expériences de 1839 à 1841 ; classement suivant les charges par 0ᵐ.01 . échelonnées en cinq séries.

Nous extrayons à ce sujet, du cahier des expériences de M. Morin, les faits qui suivent :

Seulement au fond et attendu que les jantes supérieures à 0ᵐ.12 ne portent point sur leur largeur entière, on n'a point fait figurer ces larges jantes à ce tableau ;

Et dans la forme, afin de rendre comparables toutes les expériences mises en regard, nous avons, pour chaque expérimentation, rapporté à un même diamètre des roues, le chargement par zone de 0ᵐ.01 ; et nous avons choisi *pour terme de comparaison* le diamètre minimum de la charrette, c'est-à-dire le diamètre de 1ᵐ.667.

Ce ne sera peut-être pas sans intérêt qu'on trouvera d'ailleurs, rassemblée ainsi en deux pages, la masse entière et complète des expérimentations faites en 1839, 1840 et 1841.

— 48 —

RÉCAPITULATION

des dix tableaux d'expériences de 1839 à 1841 (*)
avec les chargements réels,
et avec le calcul des chiffres auxquels répondent ces chargements dans l'hypothèse
d'un diamètre constant = 1.ᵐ.667.

Désignation des tableaux.	Désignation des véhicules expérimentés.	Jantes.	CHIFFRES RÉELS. Diamètres.	Chargem.ᵗ total.	Chargem.ᵗ par zone de 0ᵐ.01.	Charge fictive par 0ᵐ.01 de largeur de bande pour un même diamèt. de 1ᵐ.667.	RAPPORTS DU TIRAGE A LA PRESSION. Chargement au-dessous de 37ᵏ.50.	Chargement moyen de 100 kilog. Entre 87.50 et 112.50.	Chargement moyen de 125 kilog. Entre 112.50 et 137.50.	Chargement moyen de 150 kilog. Entre 137.50 et 162.50.	Chargement au-dessus de 162ᵏ.50.
		Après une circulation de 4750 tonnes.									
		m.	m.	k.	k.	k.					
	Chariots. . .	0.115	0.875	4930	107	203	»	»	»	»	1/59.8
	Id. . .	0.115	1.45	4930	107	166	»	»	»	»	1/57.7
	Id. . .	0.115	2.03	4930	107	83.40	1/62	»	»	»	»
		Après une circulation de 7000 tonnes.									
Tabl. n° I.	Id. . .	0.115	0.875	4930	107	203	»	»	»	»	1/25
	Id. . .	0.115	1.45	4930	107	166	»	»	»	»	1/23.3
	Id. . .	0.115	2.03	4930	107	85.40	1/30.6	»	»	»	»
		Après une circulation de 10000 tonnes en 39 jours.									
	Id. . .	0.115	0.875	4930	107	203	»	»	»	»	1/29
	Id. . .	0.115	1.45	4930	107	166	»	»	»	»	1/34.2
	Id. . .	0.115	2.03	4930	107	85.40	1/46.9	»	»	»	»
		Après une circulation de 3500 tonnes.									
		m.	m.								
	Charrettes.	0.07	1.65	2000	143	143	»	»	»	1/20.3	»
	Id. . .	0.07	2.00	2200	157	130	»	»	1/22.3	»	»
	Id. . .	0.07	2.00	2500	178	150	»	»	»	1/17.8	»
Tabl. n° 2.		**Après une circulation de 4300 tonnes en 18 jours.**									
	Id. . .	0.07	1.65	2000	143	143	»	»	»	1/18.2	(a)
	Id. . .	0.07	2.00	2200	157	130	»	»	1/20.5	»	(b)
	Id. . .	0.07	2.00	2500	178	150	»	»	»	1/15.5	(c)
		Après une circulation de 4200 tonnes. (**)									
		m.	m.								
	Chariots. . .	0.07	{ 1.65 / 1.00 }	3500	125	150	»	»	»	1/18.2	»
	Id. . .	0.07	{ 2.00 / 1.30 }	4200	150	150	»	»	»	1/21.7	»
	Id. . .	0.07	{ 2.00 / 1.30 }	4500	160	160	»	»	»	1/20.	»
Tabl. n° 3.		**Après une circulation de 4800 tonnes en 17 jours.**									
	Id. . .	0.07	{ 1.65 / 1.00 }	3500	125	156	»	»	»	1/20.6	(d)
	Id. . .	0.07	{ 2.00 / 1.30 }	4200	150	150	»	»	»	1/22.4	(e)
	Id. . .	0.07	{ 2.00 / 1.30 }	4500	160	160	»	»	»	1/20.6	(f)

(*) Les tableaux n° 9 et n° 10 sont détaillés dans les chapitres 8 et 11.
(**) Voir (a) (b) (c) (d) (e) et (f) à la page 50.

Suite de la récapitulation des expériences de 1839 à 1841.

Désignation des tableaux.	Désignation des véhicules expérimentées.	Jantes.	Diamètres.	Chargem.t total.	Chargem.t par zone de 0m.01.	Charge fictive par 0m.01 de largeur de bande pour un même diamèt. de 1m.667.	Chargement au-dessous de 37k.50.	Chargement moyen de 100 kilog. Entre 87.50 et 112.50.	Chargement moyen de 125 kilog. Entre 112.50 et 137.50.	Chargement moyen de 150 kilog. Entre 137.50 et 162.50.	Chargement au-dessus de 162k.50.
		m.	m.	k.	k.	k.					
	Après une circulation de 4500 tonnes.										
	Id.	0.06	1.45	5516	229	261	»	»	»	»	1/19.5
	Id.	0.115	1.45	5516	120	137	»	»	»	1/28.6	»
	Après une circulation de 5 à 6000 tonnes.										
Tabl. n° 4.	Id.	0.06	1.45	5516	229	261	»	»	»	»	1/20.6
	Id.	0.115	1.45	5516	120	137	»	»	»	1/28.7	»
	Après une circulation de 8300 tonnes en 37 jours.										
	Id.	0.115	1.45	5516	120	137	»	»	»	1/15	»
	Après une circulation de 3000 tonnes (sans arrosage).										
	Chariot.	0.115	1.45	2400	100	114	»	»	1/22.6	»	»
Tabl. n° 5.	*Après une circulation de 6600 tonnes (sans arrosage).*										
	Id.	0.115	1.45	4600	100	114	»	»	1/32.5	»	»
	Après une circulation de 7200 tonnes en 23 jours. (*)										
Tabl. n° 6.	Id.	0.06	1.45	3600	150	171	»	»	»	»	1/19.1
	Id.	0.115	1.45	5250	115	131	»	»	1/23.2	»	»
	Après une circulation de 5000 tonnes en 17 jours.										
	Id.	0.12	1.65 / 1.00	7000	150	187	»	»	»	»	1/21 (g)
Tabl. n° 7.	Id.	0.07	1.65 / 1.00	4000	143	179	»	»	»	»	1/17.2 (k)
	Id.	0.07	1.65 / 1.00	3500	125	156	»	»	»	1/20 (l)	»
	Après une circulation de 3500 tonnes.										
	Charrette.	0.12	1.65	3500	145	145	»	»	»	1/19 2	»
	Id.	0.07	1.65	2300	164	164	»	»	»	»	1/20.8
	Id.	0.07	1.65	1800	128	128	»	»	1/23.6	»	»
Tabl. n° 8.	*Après une circulation de 4600 tonnes en 20 jours.*										
	Id.	0.12	1.65	3500	145	145	»	»	»	1/20.1 (m)	»
	Id.	0.07	1.65	2300	164	164	»	»	»	»	1/17.8 (n)
	Id.	0.07	3.65	1800	120	128	»	»	1/19.5 (o)	»	»
	Après une circulation de 4900 tonnes en 17 jours. (*)										
Tabl. n° 9.	Chariot.	0.12	1.42 / 0.93	5000	104	150	»	»	»	1/20.2	»
	Après une circulation de 7000 tonnes en 37 jours.										
Tabl. n° 10.	Chariot comtois.	0.06	1.36 / 1.16	1800	75	100	»	1/24.6	»	»	»

(*) Voir (g), (k), (l), (m), (n) et (o) à la page 50.

Réparations de la route après l'expérience.

Matériaux employés.

	mèt. c.			mèt. c.			mèt. c.			mèt. c.
Tableau n° 2.	(a) = 11.40		Tableau n° 3.	(d) = 14.70		Tableau n° 7.	(g) = 14.70		Tableau n° 8.	(m) = 12.30
	(b) = 7.50			(e) = 12.40			(k) = 20.40			(n) = 12.80
	(c) = 10.80			(f) = 15.40			(l) = 11.80			(o) = 11.10

En examinant attentivement ce tableau on est amené à reconnaître :

1° Que lorsque l'unité de chargement (par zone d'un centimètre de bande et rapportée au diamètre initial de roue de 1^m.667) *est inférieure à* 100 kil., les chiffres de tirage, même sous une circulation de 10,000 tonnes, *tableau n° 1*, sont tout à fait minimes (1/46.80) et n'annoncent qu'une dégradation en quelque sorte insignifiante.

2° Que lorsque cette unité de chargement *atteint seulement* 100 kil. (et il est remarquable que de tous les véhicules du commerce, le chariot comtois à un cheval avec ses 1800 kil. de charge, se trouve le seul qui satisfasse utilement à cette condition de minimum de charge), le chiffre qui donne la mesure de la dégradation est encore faible (1/24.60) *tableau n° 9*.

3° Que lorsqu'*on élève la même unité de chargement à* 125 kil., les chiffres de dégradation sont également en quelque sorte rassurants.

	mèt.		toun.			
Jantes de	0.07	Circulation	3500.	Chiffres de dégradation	1/22.3	} *Tableau* n° 2.
———	0.07	—————	4300 en 18 jours	—————	1/20.5	
Jantes de	0.115	Circulation	3000.	Chiffres de dégradation	1/22.6	} *Tableau* n° 5.
———	0.115	—————	6600.	—————	1/32.5	
———	0.115	—————	7200 en 23 jours.	—————	1/23.2	
Jantes de	0.07	Circulation	3500.	Chiffres de dégradation	1/23.6	} *Tableau* n° 8.
———	0.07	—————	4600 en 20 jours.	—————	1/19.5 (*)	

4° Que lorsqu'on porte cette unité à 150, on trouve au contraire pour chiffres de dégradation avec les mêmes circulations, et les mêmes jantes, les rapports 1/18.20 *tableau n° 3* ; 1/17.8 *tableau n° 2* ; et même 1/15 *tableau n° 5*.

5° Que lorsqu'on dépasse le chiffre 150, il faut presque compter, avec des jantes étroites, sur une dégradation exprimée par la fraction 1/17, *tableaux n° 7 et n° 8*, et on a vu dans le tableau n° 7, que le chiffre 1/17 se trouvait lié avec une consommation continuelle de matériaux 20^m.40, lorsqu'au même tableau le chiffre 1/20 répond à un emploi de matériaux presque de moitié (11^m.80) ;

De là ces deux conclusions :

1° Attendu que toutes les expériences rapportées à ce tableau ont été faites dans des conditions très-défavorables, et tout exceptionnelles, telles que :

Le passage continu sur les mêmes pistes de 0^m.50 de large.

La suspension de tout entretien.

Des arrosages journaliers de 10 à 12 litres par mètre quarré de pistes (38).

Et le chiffre élevé des tonnages transportés.

(*) Ce chiffre, qui annonce déjà une dégradation assez notable, forme ici presque exception dans la colonne du chargement de 125^k.

(38) Les expériences du tableau n° 5 ont seules été faites sans arrosage, aussi elles ont dû se prolonger 42 jours consécutifs pour accuser un résultat significatif.

Attendu que néanmoins les chiffres de dégradation donnés par les nombreuses expériences ci-contre n'ont rien d'inquiétant,

On peut adopter 125 kil. comme unité de chargement par zone de $0^m.01$ pour le diamètre de $1^m.667$.

2° Attendu, cependant, que les chiffres de dégradation accusés par ces mêmes expériences pour des unités plus fortes que 125 kil., nous paraissent de nature à faire craindre d'assez notables dégradations, surtout, en ce qui concerne les jantes étroites, et au droit de routes qui ne seraient pas en aussi bon état que les chaussées expérimentées.

Nous pensons que d'après les faits observés ici il est prudent de ne pas dépasser cette mesure comme base du nouveau tarif à adopter.

Ainsi, que l'on consulte le sentiment général de tous les ingénieurs qui ont écrit sur le roulage, et qui ont conseillé de restreindre l'unité moyenne de chargement, sans distinction de diamètres, entre les unités 100 kil. et 150 kil. par zone d'un centimètre de bandes.

Ou que l'on interroge les faits les plus récents, et jusqu'à présent au moins les plus significatifs comme expérimentation sur les chiffres les plus probablement admissibles pour l'unité de chargement par zone de $0^m.01$, d'une roue de $1^m.667$ de diamètre.

On arrive ou l'on revient au chiffre de 125 kil., et c'est en conséquence à ce chiffre que nous avons cru devoir nous arrêter pour en conclure les diverses unités applicables aux diamètres de roues.

Tel est donc le point de départ, la base du tarif *proportionnel à la fois et aux diamètres des roues et aux largeurs des jantes*, que nous proposons d'adopter, tarif qui se résume par ces chiffres si simples et si peu nombreux.

PETITES ROUES.

	m. $d = 1.00$	m. $d = 1.167$	m. $d = 1.334$	m. $d = 1.50$
Unité de chargement par zone de $0^m.01$ de largeur de bandes.	k. 75	k. 87.50	k. 100	k. 112.50

GRANDES ROUES.

	m. $D = 1.667$	m. $D = 1.833$	m. $D = 1.999$	m. $D = 2.155$
Unité de chargement par zone de $0^m.01$ de largeur de bandes.	k. 125	k. 137.50	k. 150	k. 162.50

Tout s'explique alors :

		kil.	kil.
Et la défense avec un diamètre de $1^m.667$.	à une charrette (à jantes de $0^m.06$), de porter au delà de.	1500	»
	à une charrette (à jantes de $0^m.12$), de porter au delà de.	»	3000
Et la permission avec un diam. de $2^m.155$.	à la charrette (à jantes de $0^m.06$), de porter 3/10ᵉ en sus, ci.	1950	»
	à la charrette (à jantes de $0^m.12$) de porter 3/10ᵉ en sus, ci.	»	3900
Et la défense avec des diamèt. $D=1.667$. $d=1^m.00$.	à un chariot (à jantes de $0^m.06$), de porter au delà de.	2400	»
	à un chariot (à jantes de $0^m.12$), de porter au delà de.	»	4800
Et la permission avec des diam. $D=2^m.155$. $d=1^m.50$.	à un chariot (à jantes de $0^m.06$), de porter 3/8ᵉ en sus, ci.	3300	»
	à un chariot (à jantes de $0^m.12$), de porter 3/8ᵉ en sus, ci.	»	6600

Et le commerce se trouvera acquérir ainsi une latitude considérable ; et cependant, moyennant la loi proportionnelle adoptée en faveur des grands diamètres, *les petits diamètres disparaîtront certainement des routes*, et de cette circonstance seule résultera une diminution notable dans la dégradation des chaussées, surtout des chaussées en empierrement.

CHAPITRE VI.

COMPARAISON AVEC LES CHIFFRES DE LA RÉGLEMENTATION DE 1837 EN VIGUEUR, ET AVEC LE PROJET DE TARIF DE LA COMMISSION DE LA CHAMBRE DES DÉPUTÉS DE 1838.

Nous mettons en regard de ces diverses échelles de réglementation le tarif que nous croyons devoir proposer.

Or, nous remarquerons d'abord que le tarif adopté par la commission de la Chambre des Députés en 1838, reproduit identiquement les mêmes chiffres que la réglementation du 15 février 1837.

La seule différence entre les deux tarifs consiste dans l'introduction au projet de 1838, des jantes de $0^m.08$.

Du reste, ces deux réglementations proscrivent également toutes jantes supérieures à $0^m.17$, ainsi que les avantages jusqu'alors accordés aux voitures à voies inégales ;

Nous nous bornerons donc à comparer nos propositions avec le tarif de la commission de la Chambre des Députés en 1838.

Or il se trouve une harmonie plus heureuse qu'il n'était possible de l'espérer entre ce projet de réglementation, et nos propositions aujourd'hui.

Voici, en effet, le rapprochement de ces deux projets de tarifs.

*Comparaison avec la réglementation en vigueur du 15 février 1837,
et avec les projets de tarifs de 1838.*

1re *partie*. CHARRETTES OU VOITURES A DEUX ROUES.

DÉSIGNATION des jantes.	TARIF ACTUEL, 15 février 1837.		CHAMBRE DES DÉPUTÉS, 1838.		RÉGLEMENTATION PROPOSÉE.				
	Hiver.	Été.	Hiver.	Été.	m. $D < 1.667$	m. $D = 1.667$	m. $D = 1.833$	m. $D = 1.999$	m. $D = 2.155$
m.	k.	k.	k.	k.	k.	k.	k.	k.	k.
0.06	»	»	»	»	1200	1500	1650	1800	1950
0.07	»	»	»	»	1400	1750	1925	2100	2275
0.08	»	»	1900	2200	1600	2000	2200	2400	2600
0.09	»	»	»	»	1800	2250	2475	2700	2925
0.10	»	»	»	»	2000	2500	2750	3000	3250
0.11	2700	3200	2700	3200	2200	2750	3025	3300	3575
0.12	»	»	»	»	2400	3000	3300	3600	3900
0.13									
0.14	3500	4100	3500	4100					
0.15									
0.16									
0.17	4200	4900	4200	4900					
Et par zone de 0^m.01	k. 130-135	k. 153-160	k. 130-135	k. 153-160	k. 100	k. 125	k. 137.50	k. 150	k. 162.50
Tolérance. . . .	200 kil.				200 kil.				

2° *partie*. CHARIOTS OU VOITURES A QUATRE ROUES.

DÉSIGNATION des jantes.	TARIF ACTUEL, 15 février 1837.		CHAMBRE DES DÉPUTÉS, 1838.		RÉGLEMENTATION PROPOSÉE.				
	Hiver.	Été.	Hiver.	Été.	m. $D < 1.667$ $d < 1.00$	m. $D = 1.667$ $d = 1.0$	m. $D = 1.833$ $d = 1.167$	m. $D = 2.0$ $d = 1.333$	m. $D = 2.155$ $d = 1.50$
m.	k.	k.	k.	k.	k.	k.	k.	k.	k.
0.06	»	»	»	»	1800	2400	2700	3000	3300
0.07	»	»	»	»	2100	2800	3150	3500	3850
0.08	»	»	3200	3800	2400	3200	3600	4000	4400
0.09	»	»	»	»	2700	3600	4050	4500	4950
0.10	»	»	»	»	3000	4000	4500	5000	5500
0.11	4400	5200	4400	5200	3300	4400	4950	5500	6050
0.12	»	»	»	»	3600	4800	5400	6000	6600
0.13									
0.14	5600	6700	5600	6700					
0.15									
0.16									
0.17	6800	8100	6800	8100					
Et par zone de 0^m.01	k. 106-110	k. 128-130	k. 106-110	k. 128-130	*Unité par train.* k. $P = 100$ $p = 50$	k. 125 75	k. 137.50 87.50	k. 150 100	k. 162.50 112.50
					Unité composée et réduite $\frac{P+p}{2}$ k. 75	k. 100	k. 112.50	125 k.	k. 137.50
Tolérance. . . .	300 kil.				200 kil.				

Le nouveau tarif est la traduction du tarif ancien dans
une langue rationnelle.

De sorte que le tarif ci-contre proposé pourrait être considéré comme la traduction du tarif de 1838, en langue rationnelle. Cette traduction emporte à la vérité, comme conséquence, diverses conditions et modifications importantes. Ainsi, pour avoir droit à tel chargement, il faudra satisfaire à telle dimension dans les diamètres des roues. Mais, comme nous l'avons dit, le commerce des transports a tout intérêt à augmenter les diamètres des roues des voitures.

Nous remarquerons seulement que le nouveau tarif est supposé borner à la largeur de jantes de $0^m.12$, les augmentations de chargements à accorder aux plus larges jantes.

Nous avons motivé plus haut et nous démontrerons bien plus explicitement encore au chapitre 8 pourquoi nous limitons ainsi le maximum de charge de la charrette à 4,100 kilogrammes, et le maximum de charge du chariot à 6,800 kilogrammes, y compris toujours 200 kilogrammes de tolérance.

Mais une observation qui ressort de la comparaison entre le tarif proposé et les tarifs de 1837 et 1838, mérite surtout attention.

Lorsque l'on compare les chiffres de la réglementation proposée avec les tarifs mis en vigueur par l'ordonnance du 15 février 1837, tarifs que la commission de la Chambre des Députés de 1838 proposait de maintenir, on remarque :

1° Que les chiffres proposés *pour les petits diamètres* sont pour ainsi dire identiques avec *l'ancien tarif d'hiver* ;

2° Que les chiffres proposés pour les *diamètres moyens* répondent un peu au-dessus de la moyenne des *anciens tarifs d'hiver et d'été* ;

3° Que les chiffres proposés *pour le diamètre de* $2^m.00$, excèdent (de 100 kilomètres pour les charrettes et de 300 kilomètres pour les chariots) *l'ancien tarif d'été*.

C'est-à-dire :

Que les tarifs tant de 1837 que de 1838, et la réglementation proposée de 1841, se justifient réciproquement.

Que par conséquent, après avoir puisé à des sources tout à fait différentes, et après avoir procédé suivant une marche toute nouvelle, on arrive précisément aux mêmes *résultats moyens*.

Qu'il se trouve ainsi une parfaite harmonie entre les nécessités manifestées comme chargements utiles pour le commerce en 1837, 1838 et 1841 d'une part, et d'une autre part les bases que nous avons cru devoir conclure des expériences de 1839 et 1841.

Que surtout la double loi de proportionnalité et des diamètres, et des jantes, se trouve ainsi écrite et presque convenue à l'avance entre l'administration et l'industrie des transports, soit à l'ordonnance de 1837, soit au projet de loi de 1838.

Que jamais, dès lors, plus de probabilités ne se sont réunies pour faire espérer *qu'on était dans le vrai.*

Et cependant, bien que chacun apprécie tout le mérite de cette concordance entre les chiffres moyens des deux réglementations;

Bien qu'encore on doive reconnaître que les diamètres des roues ont une influence certaine sur la dégradation des routes, que sous ce point de vue l'ancienne réglementation n'était pas rationnelle, et que la nouvelle est seule raisonnée, équitable;

Bien que comme conséquence nécessaire de cette observation, le nouveau tarif, tout en présentant les mêmes chiffres moyens, ait dû imposer des chiffres inférieurs aux petits diamètres, et accorder des chiffres supérieurs aux diamètres les plus grands.

Néanmoins on conçoit parfaitement que l'administration puisse vouloir concilier et cette rationalité et le désir de ne rien diminuer des avantages jusque-là accordés au commerce;

Qu'en effet, bien qu'il soit constant que sous plusieurs rapports le nouveau tarif favorise l'industrie des transports, l'administration veuille faire plus encore, et qu'elle répugne à faire acheter ces nouvelles faveurs par aucun sacrifice, par aucune gêne dans les habitudes prises, par une moindre liberté dans les combinaisons qu'autorise le tarif de 1837, que devait permettre le tarif de 1838.

D'ailleurs, il faut le dire, ne rien retirer des avantages déjà acquis, c'est évidemment le moyen qu'il n'y ait pas une seule objection possible contre la nouvelle réglementation.

Mais heureusement que rien n'est plus facile que d'atteindre ce but. Il suffit, en effet, de réserver aux jantes de 0^{m}.11 et de 0^{m}.14, *mais à ces jantes seules*, puisqu'elles ne connaissaient pas d'intermédiaire, tous les chargements à elles acquis par les tarifs de 1837 et 1838.

Or, on a vu :

1° Que le nouveau tarif accorde *même aux petits diamètres* le droit de porter toute l'année les mêmes poids que l'ancien tarif d'hiver;

2° Que le nouveau tarif n'est dès lors inférieur à l'ancien que lorsqu'on compare au tarif d'été les moindres poids accordés aux diamètres au-dessous de 2^{m}.00 pour les grandes roues, et de 1^{m}.333 pour les petites roues.

En conséquence, il suffit d'une clause qui empêche *les petits diamètres* de perdre *en été* le droit de porter les poids stipulés, sans distinction de diamètre, au tarif de 1838.

Clause à insérer pour atteindre ce but.

Tel pourrait en être le libellé :

« Les jantes de 0ᵐ.11 et de 0ᵐ.14 conserveront le droit, quel que soit le diamètre des roues
» de la voiture, de porter du 1ᵉʳ avril au 20 novembre, savoir :

	Jantes de 0ᵐ.11.	Jantes de 0ᵐ.14.
Pour les charrettes.	3200	4100
Pour les chariots.	5200	6700

» Il est également maintenu à ces voitures, et pendant la période d'été sus-indiquée :
» 1° La tolérance d'un centimètre sur la largeur des bandes ;
» 2° Une tolérance de poids { de 200 k. pour les charrettes.
{ de 300 k. pour les chariots.

Sauf la suppression des jantes de 0ᵐ.17, le nouveau tarif accordera dès lors, sur tous points, au moins autant et souvent au delà du tarif de 1837.

Et au moyen de cette clause, le nouveau tarif restera d'une part entier dans sa rationnalité, et se trouvera, d'une autre part, en tous points, sauf la suppression des jantes de 0ᵐ.17, suppression que nous motiverons au chapitre VIII, une série continue de nouveaux et précieux avantages pour l'industrie des transports.

CHAPITRE VII.

ROULAGE SUSPENDU AU TROT.

Voitures suspendues à grande vitesse.

Les voitures suspendues à réglementer sont toutes destinées à opérer *en poste*, ou avec une vitesse analogue, des transports de voyageurs ou de marchandises.

De là deux circonstances qui caractérisent ce mode de transport, et qui le distinguent surtout du roulage proprement dit ; l'une, *la suspension*, tout à fait favorable à la moindre dégradation des routes ; l'autre, *la vitesse*, au contraire, de nature, à conditions égales du reste, à produire des chocs, et partant des détériorations.

Suspension sur ressorts métalliques.

C'est dans l'ordonnance du 15 février 1837 (*) que, pour la première fois, on a défini légalement ce qu'on devait entendre *par suspension*, et qu'on a considéré comme suspendues exclusivement *les voitures sur ressorts métalliques*.

Trot.

C'est aussi dans cette ordonnance de 1837 que l'on a déterminé d'une manière précise la vitesse permise, en ajoutant à la définition des voitures publiques, messageries, etc., sur ressorts métalliques, etc., cette expression : *allant au trot* (39).

(*) Chose assez remarquable, le mot *suspension* n'est pas même prononcé dans le projet de loi de 1832, ni dans le rapport si étendu qui était annexé à ce projet.

(39) L'ordonnance du 4 février 1820 interdit néanmoins, *art.* 10, mais seulement dans *l'intérêt de la sûreté publique*, de conduire les voitures *au galop* sur les routes ; elle oblige aussi de ne conduire *qu'au petit trot* dans les villes et communes rurales, et *au pas* dans les rues étroites.

Et c'est avec raison, dans ces limites, que postérieurement, dans le projet de loi de 1838 par exemple, on a constamment libellé les conditions et priviléges des *diligences*, *messageries*, *berlines*, *fourgons* et autres voitures publiques appelées au bénéfice d'une *grande vitesse* moyennant la *suspension*.

Mais quelle était la mesure de la moindre dégradation due aux ressorts métalliques, et de la plus grande altération inhérente au trot? Tel était le point controversé.

La commission de 1814 s'abstenait de prononcer, et demandait des expériences spéciales.

La commission de 1828 admettait pour concluantes des expériences faites en 1816 par une commission d'ingénieurs, desquelles il résultait :

« Que sur les chaussées en empierrement ou en gravelage *en bon état*, une » voiture menée au trot fait moins de mal que menée au pas, et qu'elle en » fait plus, au contraire, quand ces chaussées sont *en mauvais état* d'en-» tretien. »

Et la commission en tirait cette conséquence, que les routes étant loin d'être, toutes, même en assez bon état, on ne devait pas admettre pour les voitures *conduites au trot* des poids aussi considérables que pour les voitures de *roulage menées au pas*.

On ne sait point du reste si dans les expériences de 1816 les voitures expérimentées au trot étaient suspendues ou non suspendues ; on serait porté à croire qu'elles n'étaient point suspendues, puisque, plus loin, le rapport de 1828 s'exprime ainsi, en ce qui concerne les ressorts :

« Il y a lieu de penser que de l'emploi des ressorts résulte aussi une moins » grande fatigue pour les routes, et l'on pourrait en conséquence juger utile » d'encourager l'usage des voitures de roulage à ressorts, en leur permettant » des charges plus pesantes ; mais on doit considérer que le bon effet des » ressorts n'est sensible que sur des chaussées offrant une aire dure et ferme, » et non compressible et élastique ; qu'il se réduit à peu de chose sur une route » en gravelage et en cailloutis, comme sont la plupart des nôtres. »

» Ainsi la faveur qu'on pourrait faire aux voitures de roulage à ressorts » ne pourrait être que bien faible, et compliquerait sans avantage notable les » règlements à intervenir. »

Telles sont les opinions qui ont été écrites à ce sujet dans les divers rapports officiels, soit des ingénieurs à l'administration, soit de l'administration aux Chambres (40).

---

(40) La brochure de M. Navier (1835) laisse complétement cette question de côté.

L'exposé des motifs à la Chambre des Pairs (1832), qui reproduit les faits principaux énoncés au rapport de la commission de 1832, n'en fait pas davantage mention.

Expériences comparatives faites en 1839, sous un même chargement, sur une voiture suspendue au trot, et sur une voiture non suspendue au pas.

Et voici maintenant les expériences qui ont été faites en 1839, pour lever ces doutes, pour asseoir sur des observations positives les réglementations à venir, et comparatives du roulage *non suspendu allant au pas*, et des voitures *suspendues marchant au trot*.

Les expériences ont été faites sur deux fourgons de messageries, identiques, mais l'un avec ses ressorts métalliques parfaitement libres, et constituant ainsi *une voiture suspendue*, et l'autre calé au droit de ses ressorts et redevenu ainsi *une voiture non suspendue*.

La largeur des jantes était de $0^m.12$, le diamètre des roues de devant était de $0^m.925$, et le diamètre des roues de derrière était $1^m.42$.

Le chargement était de 5000 kil. (39), y compris toujours véhicule. Ce chargement, réparti suivant ces diamètres, supposait la charge :

<blockquote>
Sur le train de derrière, poids total $= 30^{7}0$ kil., et par zone de $0^m.01 = 126$ kil.
Sur le train de devant, poids total $= 1970$ kil. *Idem.* . . . . $= 82$ kil.
</blockquote>

On a prolongé l'expérience jusqu'à ce qu'on eût produit, comme circulation, un tonnage de près de 5000 tonnes.

Série c. — Trot et suspension. — Tableau n° 9.

Effets comparatifs produits et par une voiture suspendue allant au trot et par une voiture non suspendue allant au pas.

Date et durée de l'expérience. Du 24 juillet 1839 au 10 août; 17 jours.

Lieu de l'expérience. Route départementale n. 31, de Courbevoie à Nanterre, en face de la caserne de Courbevoie.

Pistes. Leur longueur était de $105^m.00$ pour la voiture non suspendue, et de $125^m.00$ pour la voiture suspendue.

Entretien. Suspension de toutes réparations.

Arrosage. On versait par jour environ 20 litres par mètre quarré. — L'eau restait stagnante dans les deux ornières.

Tirage. C'est en faisant passer au pas la voiture suspendue sur les deux pistes qu'on a obtenu les chiffres ci-après :

VOITURE NON SUSPENDUE.				VOITURE SUSPENDUE.				ROUTE VIERGE.		OBSERVATIONS.
Nombre des passages.	Tonnage.	Tirage.	Rapport du tirage à la pression.	Nombre des passages.	Tonnage.	Tirage.	Rapport du tirage à la pression.	Tirage.	Rapport du tirage à la pression.	
	tonnes.				tonnes.			très-sèche.		
546	2990	192.3	1/26	465	2585	204	1/24.5			
750	4000	249	1/20.1	750	4000	248	1/20.3	104	1/48.1	
925	4885	248	1/20.2	950	4885	222	1/22.6			

Nota. Pour les 285 premiers passages, le chargement, y compris véhicules, est compté, *voir* note (*), pour 6000 kil.

(*) Le chargement avait d'abord été fixé à 6000^k. Ce n'est qu'après 285 passages que la charge a été réduite à 5000^k.

Dans cette expérience la vitesse du chariot au pas était par seconde de 1^m. à 1^m.20, et la vitesse de la voiture suspendue au trot était par seconde de 3^m.20 à 3^m.60, ou de 2^{lieues}.88 à 3^{lieues}.24 à l'heure, vitesse qui dépasse le train ordinaire des diligences et fourgons.

Et on voit que les dégradations produites par la voiture suspendue au trot, n'ont pas donné de chiffres de tirage plus forts que la piste du chariot non suspendu au pas.

Les deux ornières, lors du parcours du véhicule expérimentateur, ne paraissaient pas plus cahoteuses, pas plus altérées dans un cas que dans l'autre.

Les profils relevés de ces ornières accusaient aussi une déformation, une cavité à peu près égale, et s'il existait quelque différence, c'étaient plutôt les ornières du chariot non suspendu qui étaient plus profondes.

Et de ces expériences on conclut qu'au point de vue exclusif de la conservation des routes il y aurait lieu d'accorder, à condition égale de diamètre de roue et de largeur de jantes, *les mêmes chargements aux voitures suspendues marchant au trot, qu'aux voitures non suspendues allant au pas.*

Depuis longtemps déjà, il faut le dire, on avait annoncé, en quelque sorte, ce résultat.

Mais néanmoins, et les observations faites en 1816 avaient eu à ce sujet probablement quelque influence, on restreignait cette compensation aux routes en bon état.

Et au contraire, il est à remarquer, dans l'expérience de 1840, que si cette loi se manifeste comme vraie pour les premiers passages, elle est encore plus justifiée pour les passages qui terminent l'expérimentation, c'est-à-dire pour le cas d'une route profondément et gravement dégradée.

Ainsi, malgré la presque certitude d'un avantage réel reconnu à la suspension, on répugnait cependant, comme par instinct, à accorder par centimètre les mêmes poids qu'au roulage.

C'est que cette fois encore la discussion n'était pas placée sur son véritable terrain.

Oui, il est au moins très-probable (et en administration dès lors on doit admettre) qu'au point de vue de la route, un seul et même tarif doit, comme le demandaient les messageries, régir et les voitures suspendues au trot et le roulage ordinaire.

Mais il faut maintenant venir reconnaître à quelle colonne de ce tarif répondent les messageries, par exemple, comme diamètre de roues.

Or, les roues exclusivement employées par les messageries pour le transport des voyageurs, ont les diamètres suivants :

        Roue de derrière = 1 .36
        Roue de devant   = 0 .86

Et en suivant l'échelle du tarif proposé par le roulage, les diamètres sus-exprimés ne donneraient droit qu'aux chargements ci-après :

Roue de $1^m.36$. 102
Roue de 0 .86. . . . . 63.75
─────
165.75
Réduite par zone. 82.88

C'est-à-dire que si des considérations commerciales ne venaient pas dans cette espèce réclamer un tarif exceptionnel pour les *voitures à voyageurs*, les roues actuelles des messageries n'auraient droit, pour une voiture de $0^m.11$ de jantes, aux termes du nouveau tarif, si libéral cependant pour le roulage, qu'à. . . . . 3646 kil.

Lorsque, comme on le verra au chapitre IX, le chargement commercialement nécessaire aux messageries de *long cours*, si on peut s'exprimer ainsi, doit être, et est effectivement aujourd'hui, de. . . . . 4400 kil.

Nous traiterons au surplus dans un chapitre à part les questions importantes de la grandeur des roues que la sécurité des voyageurs impose pour les voitures publiques destinées au transport des personnes.

Le roulage suspendu et au trot, des marchandises, peut au contraire augmenter à volonté les diamètres des roues. On propose d'accorder à ce mode de transport le même tarif qu'au roulage non suspendu et au pas.

Mais pour les fourgons nous pouvons dire dès à présent que rien ne s'oppose à ce que les voitures suspendues puissent être dotées de roues du plus grand diamètre ;

Que c'est même une chose désirable dans l'intérêt commun, et des routes comme moindre dégradation, et des messageries comme moindre tirage.

Et nous conclurons des expériences de M. Morin, que *le transport au trot*, *avec suspension*, paraît devoir jouir du même tarif que le roulage au pas non suspendu.

Seulement, et attendu que lorsqu'on entre dans une nouvelle voie il est sage de ne procéder qu'avec mesure, sans outrer les conséquences des principes posés ; attendu qu'il paraît dès lors nécessaire de s'éclairer sur cette question importante *de l'influence du trot sur les routes* par quelques années d'expérience sans trop étendre d'abord le chiffre du chargement,

On limiterait seulement d'abord, à la jante de $0^m.10$, cette assimilation.

Nous proposons de limiter *le droit de transporter des marchandises au trot*, à la jante de $0^m.10$ inclusivement, et par conséquent au poids maximum :

Pour les voitures à deux roues ($D=2^m.00$) de. . . . . . . 3.000 kil.

Pour les voitures à quatre roues ($D=2^m.00$. $d=1^m.333$) de 5.000 kil

CHAPITRE VIII.

SUPPRESSION DES FORTS CHARGEMENTS ET DIVISION DES CHARGES.

Suppression des jantes supérieures à $0^m.12$.

Nous démontrerons bientôt que les facilités données à l'industrie des transports par le nouveau tarif aura cette heureuse conséquence d'amener la division des chargements, parce qu'elle crée réellement un intérêt commercial à ne plus faire circuler que de faibles charges ; que dès lors même les chiffres maxima du tarif que nous proposons, par cela même qu'ils présenteront une combinaison plus chère pour le roulage, disparaîtront ainsi de nos routes.

Mais avant d'entrer dans ces considérations commerciales, nous croyons utile de motiver, *par des considérations techniques,* l'innovation qu'on trouvera hardie peut-être, mais qui selon nous est tout à fait rationnelle, et qui consiste *à avoir purement et simplement effacé* de ce tarif *les jantes d'une largeur supérieure à* $0^m.12$.

C'est en effet supprimer les jantes de $0^m.17$, et même celles de $0^m.14$ (41), que de leur refuser un chargement plus considérable qu'aux jantes de $0^m.12$; puisque le commerce n'aurait que désavantage à employer des roues plus lourdes, qui viendraient ainsi diminuer le poids utile transporté.

Nous démontrerons bientôt que, dans l'hypothèse de l'adoption du nouveau tarif, cette suppression est totalement indifférente à l'industrie des transports.

Nous expliquerons à cet effet pourquoi ce sont aujourd'hui cependant et presque exclusivement ces véhicules que préfère le commerce ; nous ferons voir que c'est le tarif d'aujourd'hui qui oblige le commerce à faire usage de ces véhicules, et à ne pouvoir pas employer les autres voitures, et surtout celles de ces voitures (les jantes de $0^m.12$, par exemple), qui seraient cependant bien moins nuisibles aux routes.

Nous ferons enfin ressortir jusqu'à l'évidence que la condition de la moindre dégradation pour les routes, que la combinaison la plus favorable au commerce se résume précisément dans l'emploi le plus libre possible des jantes étroites, de ces jantes jusqu'à présent prohibées d'une manière si absolue, et que le nouveau tarif viendra au contraire si sagement et néanmoins si puissamment favoriser.

---

(41) On a vu que nous avions néanmoins proposé au chapitre 6, *mais par voie d'exception et en dehors du tarif normal,* de continuer à autoriser les jantes de $0^m.14$.

Mais nous voulons ici, pour le moment, faire seulement le procès aux lourds chargements, par ce motif, que loin d'être favorables aux routes ainsi qu'on l'avait cru longtemps, ces lourds chargements, bien que portés sur de larges jantes, sont mortels pour les chaussées d'empierrements surtout.

Et d'abord l'opinion de tous les ingénieurs qui ont étudié la question du roulage, est unanime.

M. Tarbé disait en 1814, au nom d'une commission dont faisait partie M. Gayant, *page 11* :

« On ne peut trop répéter que ce ne sont pas les chargements modérés » quelque multipliés qu'ils soient, qui défoncent les empierrements et bou- » leversent les pavés, mais bien les chargements extraordinaires..... »

M. Brisson, en 1828, au nom d'une commission dont faisaient partie MM. Bérigny et Cavenne, répétait, *page 11* :

« Des plaintes s'élèvent de toutes parts sur les chargements excessifs des » voitures que l'on regarde avec raison comme une des causes de la détério- » ration des routes. »

Et plus loin, *page 24* :

« Les observations de plusieurs inspecteurs, celles qui nous ont été commu- » niquées par divers ingénieurs éclairés et soigneux dans leurs recherches, » nos propres remarques enfin, concourent à établir que c'est à *quinze cents* » *kilogrammes* (1500^k·) que l'on doit fixer la limite du poids avec lequel *une* » *roue de* 0^m.17 peut sans inconvénients graves presser le sol sur une chaussée » convenablement construite et entretenue dans un état moyen de bonne » viabilité. »

M. Navier fait la remarque suivante, *page 118* :

« Il arrive fréquemment qu'une large jante se trouve supportée de la même » manière que le serait une jante plus étroite, l'avantage résultant de l'excès » de largeur disparaît alors ; et la jante large, chargée d'un lourd fardeau, » écrase des matériaux *qui auraient résisté à l'action d'une jante étroite* » *moins pesante.* »

M. James Mac-Adam, dans son interrogatoire devant le comité de la Chambre des Communes d'Angleterre en 1831, disait : « qu'une bande » de plus grande largeur que 0^m.114, ne peut jamais toucher la surface » d'une grande route bien faite. »

On a vu que M. Dupuit avait reconnu par des expériences directes qu'une jante de 0^m.175 pouvait ne porter que sur 0^m.09 de largeur.

Le même ingénieur, en insistant sur cette circonstance que lui accusaient ses expériences sur le tirage des voitures, concluait : « à proscrire tout char- » gement qui passerait *deux mille kilogrammes* (2000^k·) *par roue.* »

Enfin des expériences spéciales, faites en 1839 par M. Morin, pour ap- Expériences de 1839, extraites du tableau nº 4.
précier quelle devait être la mesure de l'intérêt à accorder aux larges jantes,
ont répondu à cette question par les chiffres consignés *au tableau nº 4*
(série B), plus haut rapporté *page 36*.

On se rappelle que les expériences ont été faites *sur trois chariots* à quatre
roues égales de 1^m.45 chacune, avec un même chargement de 5,516 kilogr.,
mais avec des jantes différentes, de 0^m.06 par le 1er chariot, de 0^m.115 par le
2e, et de 0^m.175 par le 3e, et qu'on a trouvé par chiffres de tirage et pour les
rapports entre le tirage et la pression :

Extrait du Tableau nº 4.

NOMBRE DES PASSAGES et tonnage transporté.	PISTE DES JANTES de 0^m.06.		PISTE DES JANTES de 0^m.115.		PISTE DES JANTES de 0^m.175.		OBSERVATIONS.
	Tirage.	Rapport du tirage à la pression.	Tirage.	Rapport du tirage à la pression.	Tirage.	Rapport du tirage à la pression.	
Après 820 passages environ ou un transport de 4,520 tonnes. . . .	282.4	1/19.5	193	1/28.6	152	1/30	
Après 1,509 passages ou un transport de 8,324 tonnes (*).	»	»	370	1/15	341.70	1/16.2	

Et de là ces deux conclusions :

1º D'après les chiffres comparatifs si différents, 1/19.5 pour les jantes
de 0^m.06, et 1/28.6 pour les jantes de 0^m.115, les chiffres de chargement
doivent varier en fonction des jantes entre 0^m.06 et 0^m.115 ;

2º D'après les chiffres presque identiques, 1/28.6 pour la jante de 0^m.115, et Il est indifférent pour les routes que les roues aient 0^m.115 ou 0^m.175.
1/30 pour la jante de 0^m.175, il est presque indifférent qu'une voiture ait seu-
lement 0^m.12 de bande, ou qu'elle ait des jantes plus larges.

C'est-à-dire que rationnellement, au point de vue de la conservation des
routes, il n'y a rien à accorder comme augmentation de chargement aux
jantes dont la largeur dépasse 0^m.12.

Nous remarquerons enfin que le tarif ainsi limité, répond :

1º Pour le diamètre le moins favorable (1^m.667) au vœu de la commission de 1838, de n'accorder que 1,500 kilogrammes par roue, même à la jante
la plus large ; et seulement avec cette différence que si la roue de 1^m.667

(*) Sur la piste des jantes de 0^m.06, on a dû suspendre l'expérience après 1120 passages, l'ornière était trop dangereuse, on eût blessé les chevaux.

de diamètre ne devra porter que 1,500 kilogrammes, la roue de 2ᵐ.15 pourra élever sa charge jusqu'à 3,900 kilogrammes ;

2° Pour le maximum de 3,900 kilogrammes (non compris la tolérance de 200 kilogrammes, que l'on propose de maintenir et qui porte ce chargement à 4,100 kilogrammes), à la limite réglée par M. Dupuit à 2,000 kilogrammes pour la plus grande charge d'une roue quelconque.

Et cependant ce tarif présente, avec les grands diamètres, des augmentations importantes sur le tarif d'aujourd'hui, surtout si l'on veut admettre qu'il n'y ait qu'un seul tarif d'hiver et d'été à fois, ainsi que nous le proposerons en nous appuyant sur de puissantes considérations commerciales.

Toujours est-il, qu'en ce qui concerne exclusivement les routes, nous répéterons avec tous nos devanciers :

Conclusion pour les suppression des jantes supérieures à 0ᵐ.12.

Que les forts chargements sont une calamité pour les routes (*), parce que c'est vainement que l'on croit pouvoir arriver à proportionner à d'énormes chargements la surface de contact (de la roue avec le sol) en augmentant la largeur des jantes et même le diamètre des roues ;

Que si l'on suppose la route en très-bon état avec un profil aussi régulier que possible, toutes les opinions d'ingénieurs et tous les faits d'expérimentation, s'accordent pour affirmer, pour établir, qu'une jante de 0ᵐ.175 ne porte que sur 0ᵐ.12, et même souvent que sur 0ᵐ.09 seulement de sa largeur ;

Que c'est également une erreur d'attribuer aux larges jantes, l'avantage de moins altérer *les routes déjà dégradées,* car les expériences *du tableau n° 4,* faites dans les conditions d'une dégradation maximum, viennent détruire radicalement cette illusion, et qu'il reste démontré que les jantes de 0ᵐ.115 sont aussi favorables aux mauvaises routes d'empierrement que les jantes de 0ᵐ.175 ;

Que l'usé et la forme arrondie qui affectent bientôt les larges jantes, donnent au surplus, en grande partie au moins, l'explication de ces faits décisifs dans la question ;

Que d'ailleurs une foule d'autres circonstances viennent concourir à introduire de nombreuses et graves anomalies dans la juxta-position de la bande de la roue avec la chaussée ; que dans ce nombre il faut ranger les pierres saillantes ou les nouveaux emplois de matériaux, les parties flacheuses, et à plus forte raison les trous ou ornières de la chaussée ; qu'il faudrait aussi tenir compte des imperfections de première construction, ou des détériorations des voitures, notamment de leurs essieux et des boîtes de roues, ainsi que des mouvements oscillatoires qui en résultent.

Enfin que *les chargements de masses* en raison de leur poids considérable, deviennent, surtout chaque fois qu'il y a production de choc, de secousses,

---

(*) Nous démontrerons que ce n'est pas une calamité moindre pour l'industrie du roulage.

de forces vives, une véritable et malheureusement trop puissante machine de
destruction.

Division des charges ; chariots comtois.

Comme contre-partie des inconvénients sus-énoncés, lesquels, nonobstant
l'emploi des larges jantes, résultent, au préjudice des routes, de tous les lourds
chargements et à plus forte raison des charges excessives, il faut signaler les
avantages notables sous le rapport de la moindre dégradation des chaussées
qui seront au contraire la conséquence de la *division des charges*, de chargements faibles sùr des voitures peu pesantes elles-mêmes, et partant à jantes
étroites.

Avantage de la division des charges pour la conservation des routes.

Nous disons que nous allons examiner cette question exclusivement d'a-
bord sous le point de vue de la conservation des routes ; nous démontrerons
plus tard que l'industrie des transports a le plus grand intérêt aussi à proscrire ces masses colossales de marchandises sur une même voiture ;

Qu'elle se hâterait d'opérer de son propre mouvement cette transformation
d'un chargement énorme en des chargements moindres, s'il n'existait pas de
réglementation qui aujourd'hui lui en interdit la possibilité ;

Qu'il suffit dès lors au commerce, pour entrer dans cette nouvelle voie,
que les tarifs de réglementation cessent de favoriser exclusivement les grands
chargements.

Et nous établirons en effet que du jeu respectif, et du nouveau tarif, et
de la subdivision des charges, il résultera une diminution notable dans les
prix de revient des transports de la marchandise.

Mais pour le moment nous voulons ne voir que les routes, et nous nous
proposons avant tout de signaler combien, pour la conservation des routes,
doivent être favorisés les petits chargements sur quatre roues.

Nous choisirons à cet effet, pour terme de comparaison, la voiture à
quatre roues la plus légère et la plus généralement employée, voiture au
surplus qui nous paraît devoir probablement et efficacement concourir à
résoudre le problème de la division des charges, *le chariot comtois* enfin,
dont les qualités ont été, il faut le dire, si longtemps méconnues.

Et afin de mieux préciser les opinions qui jusqu'à présent avaient été
émises sur les chariots comtois, nous citerons textuellement cette partie du
rapport de la commission de 1828, *pages 20 et 21*.

Chariots comtois : objections qui ont été faites contre ces véhicules.

Nous ne reproduirons du reste que les considérations relatives aux routes,
plus tard la discussion commerciale sera encore bien autrement concluante.

« Ces voitures d'une faible largeur, dit le rapport, placées sur des roues
» minces et très-légères, n'ayant ordinairement que des essieux en bois,
» pèsent en général moins que les autres relativement à leur chargement, et

» sous ce rapport elles offrent un avantage marqué ; aussi beaucoup de per-
» sonnes désireraient-elles que l'usage de ces chariots devînt le moyen ordi-
» naire de tous nos transports. »

..... (Ici viennent des considérations industrielles sur lesquelles nous reviendrons, et qui paraissent s'opposer, dit le rapport, à l'établissement général de ce système de roulage.) .....

« Ce roulage, reprend le rapport, n'est pas non plus sans quelques
» inconvénients pour les routes ; le peu de largeur des jantes, qui n'ont sou-
» vent que $0^m.05$ à $0^m.06$, en fait des instruments tranchants qui coupent nos
» chaussées, quand elles ne sont pas en matériaux bien résistants ; un voi-
» turier comtois conduit moyennement cinq voitures qui se suivent sans aucun
» intervalle ; lorsque plusieurs voituriers marchent ensemble, ce qui arrive
» fréquemment, il en résulte un convoi très-nombreux de voitures à la file,
» et le même sillon d'ornières reçoit en peu de temps l'atteinte de 40 à 50
» roues tranchantes qui l'approfondissent.

» En 1811, dans une commission pour préparer le décret du 16 novembre
» de cette même année, le préfet du département du Doubs, qui en faisait
» partie, élevait des plaintes à raison des inconvénients que lui paraissaient
» offrir les chariots comtois. »

Nous avons cru devoir étendre cette citation, parce qu'elle formule en
effet les objections que les partisans des forts chargements ont souvent repro-
duites contre les petits chargements, sous le double rapport, et d'exiger de
nombreux véhicules, et de marcher en convois quelquefois considérables.

Et voici maintenant les expériences certaines, les faits positifs, qui
viennent une fois pour toutes faire disparaître tout ce que ces objections
avaient, il faut l'avouer, de spécieux et presque de probable.

Ces expériences ont été précisément et exclusivement conçues et dirigées
pour apprécier les dégradations respectives produites par *les chariots comtois*,
par *les grandes charrettes*, et par *les grands chariots*, chargés suivant la réglementation aujourd'hui en vigueur, et ce, pour un même poids de marchandises transportées sur chacun de ces véhicules.

Ces expériences ont été faites en conséquence :

1° Sur un grand chariot avec jantes de $0^m.165$, avec des diamètres de $1^m.00$ pour les roues de
devant et de $1^m.75$ pour les roues de derrière, et avec un chargement de 7,935 kil.

La réglementation actuelle autorise, pour ce chariot, un poids de $8,400^k$; y compris la tolérance de 300 kil.

En supposant les charges réparties suivant le rapport des diamètres, on trouve sur les roues de
devant d'un diamètre de $1^m.00$ un poids total de. . . . , $2,885^k$. et par zone de $0^m.01 = 87^k$.

Sur les roues de derrière d'un diamètre de $1^m.75$ *id*. . $5,050^k$. . . . . . . *id* . . . . . $= 153^k$.

Ce chariot était traîné par 6 chevaux.

2° Sur une grande charrette avec jantes de $0^m.165$, avec des roues de $1^m.83$ de diamètre, et
avec un chargement de $5,009^k$., et par zone de $0^m.01$, ci. . . . . 151 kil.

La réglementation autorise pour cette charrette un poids de 5,100^k., y compris la tolérance de 200 kil.

Cette charrette était traînée au commencement de l'expérience par trois chevaux, et à la fin de l'expérience par quatre.

3° Sur un convoi de *quatre chariots comtois* avec jantes de 0^m.06, avec des diamètres de 1^m.11 pour les roues de devant et de 1^m.36 pour les roues de derrière, et avec un chargement de 1800^k. par chariot.

Or, en supposant les charges réparties suivant le rapport des diamètres, on trouve, sur les roues de devant (diamètre = 1^m.11) un poids total de. . 800^k. et par zone de 0^m.01 = 66^k.66.

Sur les roues de derrière (diamètre = 1^m.36) . . *id.* . 1000 . . . . . *id.* . . . . . = 83.

Chaque chariot comtois n'a jamais, même à la fin de l'expérience, été attelé que d'un seul cheval.

M. Morin fait remarquer que généralement les chariots comtois ont 1^m.30 de diamètre à leurs roues de devant, et 1^m.45 de diamètre aux roues de derrière, et que ce chargement de 1800 kilogrammes passe la moyenne des charges habituelles, de sorte que l'expérience était tout à fait défavorable aux voitures de cette nature qui sont ordinairement employées.

Et après avoir fait parcourir trois pistes différentes de 150 mètres de longueur par chacun de ces attelages;

Après avoir hâté les dégradations sur chaque piste avec un arrosement journalier et abondant;

Après avoir porté le tonnage ou la masse des transports sur chaque piste au même chiffre de 7,000 tonnes, on a trouvé, en faisant passer un chariot comtois sur les trois pistes, les chiffres ci-après comme mesure du tirage, et partant de la dégradation de la route.

TABLEAU N° 10.

Expériences sur les chariots comtois.

Date et durée de l'expérience. Du 9 septembre au 16 octobre, 37 jours.
Lieu de l'expérience. Route royale no 32, de Courbevoie à Colombes.

PISTE DU GRAND CHARIOT.				PISTE DE LA CHARRETTE.				PISTE DU CHARIOT COMTOIS.			
Nombre des passages.	Tonnage.	Tirage.	Rapport du tirage à la pression.	Nombre des passages.	Tonnage.	Tirage.	Rapport du tirage à la pression.	Nombre des passages.	Tonnage.	Tirage.	Rapport du tirage à la pression.
648	5140	0.48	1/23.40	660	3300	76.20	1/24.80	666	4800	66.5	1/28.60
828	6570	91	1/20.60	892	4470	79	1/24.30	852	6140	72.8	1/25.8
882	7000	93	1/19.60	1402	7020	104	1/18	970	6990	77	1/24.60

Et le cube des matériaux employés pour réparation a été :

Pour les pistes du grand chariot.   Pour les pistes de la charrette.   Pour les pistes du chariot comtois.
     10^m.10   13^m.40   5^m.00

Ainsi avec des différences assez remarquables à la simple vue, soit d'après les quantités d'eau qui séjournaient dans les diverses ornières, soit d'après les secousses et cahots qui affectaient le véhicule expérimentateur :

La piste de *la charrette* était de toutes la plus dégradée.

En effet, on trouvait sur cette piste le plus fort chiffre de tirage (1/18 de la charge), et cette piste aussi avait exigé un cube bien plus fort de matériaux pour réparation ($13^m.40$).

Venait ensuite la piste du *grand* chariot.

Rapport du tirage aux chargements, 1/19.20.
Matériaux employés, $10^m.00$.

Enfin c'était au *convoi de chariots comtois* que restait tout l'avantage.

Moindre tirage, 1/24.60.
Bien moindre quantité de matériaux, $5^m.00$.

Et on se l'explique facilement, si l'on compare les charges expérimentées avec le tarif rationnel proposé à la commission, puisque, pour le grand chariot et pour la grande charrette, les charges expérimentées étaient supérieures aux charges rationnelles ;

Tandis qu'au contraire, pour le chariot comtois, les charges mises en expérience étaient inférieures à celles qui auraient pu rationnellement être autorisées.

VÉHICULES.	CHARGE EXPÉRIMENTÉE conforme à la réglementation actuelle.		CHARGE RATIONNELLE d'après le nouveau tarif proposé.		OBSERVATIONS.
Grand chariot. . .	$D = 1.75$	$d = 1.00$	$D = 1.75$	$d = 1.00$	
	$P = 153^k$	$p = 87^k$	$P = 131^k$	$p = 75^k$	
Charrette. . . .	$D = 1.83$		$D = 1.83$		
	$P = 151^k$		$P = 137^k.25$		
Chariots comtois.	$D = 1.36$	$d = 1.11$	$D = 1.36$	$d = 1.11$	
	$P = 30$	$p = 66.66$	$P = 102$	$p = 83.25$	

Nouvelle justification du tarif proposé.

Ainsi cette expérience vient encore justifier la rationalité du tarif que l'on propose, mais elle démontre surtout :

Que la charge obligée pour le chariot comtois (par cela même qu'aujourd'hui il ne se trouve attelé que d'un seul cheval) se trouve, par la force des choses, inférieure même à la base rationnelle que nous sommes d'avis d'appliquer au nouveau tarif ;

Qu'*à fortiori* cette charge était bien inférieure par zone de $0^m.01$ à tout ce que les tarifs précédents accordaient de faveur aux larges jantes, puisque aujourd'hui même la charrette peut porter jusqu'à 170 kilogrammes par centimètre ;

Et que dès lors le chariot comtois a été un allégement notable pour toutes les routes , de même que ce véhicule est appelé probablement , et comme on le verra plus loin , à jouer un rôle plus important que jamais , par suite des facilités que le nouveau tarif doit accorder aux petits chargements.

Nous ne perdrons pas de vue d'ailleurs que tout ce qui vient d'être présenté de calculs comparatifs n'est raisonné, dans l'espèce, que suivant la loi de la proportionnalité entre les chargements et les largeurs de jantes , et que cependant il a été établi que cette loi devait fléchir en faveur des jantes étroites.

De sorte qu'il est probable , pour ne pas dire certain , que dans le cas où les charges eussent été réglées proportionnellement aux diamètres, il y aurait eu encore un avantage marqué pour les jantes étroites , et partant pour les plus faibles chargements.

Au surplus, on pourrait ajouter que dans les chariots comtois , comme, au reste, dans tous les véhicules destinés à porter de faibles charges , les bois *du chartis* de la voiture , des brancards notamment , sont nécessairement d'un équarrissage minime , ce qui leur donne une élasticité à laquelle ne peuvent prétendre ni les grandes charrettes , ni les grands chariots, qui doivent, au contraire , être, en raison de leur lourde construction, d'une extrême rigidité.

De sorte que les petits véhicules , et les chariots comtois surtout , présentent une véritable suspension , bien que sans ressorts métalliques. Et c'est probablement à cette observation qu'il faut attribuer une partie des avantages que l'expérience a reconnu appartenir aux jantes étroites.

Dans les chariots comtois , les oscillations des deux faibles longrines du battis sont en particulier très-sensibles.

Ces oscillations rappellent ces suspensions sur simples madriers longitudinaux en sapin , qu'on applique encore à de nombreuses voitures pour voyageurs , et qui , nous l'avons encore , dans notre tournée d'inspection , expérimenté personnellement cette année , produisent une élasticité presque égale aux vibrations de beaucoup de ressorts métalliques.

Une considération capitale est d'ailleurs celle-ci , sur laquelle on ne peut jamais assez insister, parce qu'elle est probablement la clef , l'explication des résultats donnés par les expériences de M. Morin.

L'action la plus destructive sur les routes résultera toujours d'une pression excessive sur un seul point, sur une surface inégale , sur une chaussée, par exemple , en cours de dégradation.

Or, ce poids excessif n'existe pas avec les petits chargements, et au contraire , il est toujours en action, et avec une quantité de mouvements considérable , dans les chargements de masses.

Souvent cette pression démesurée se convertit en choc , en forces vives , et alors les dommages viennent à croître dans une proportion énorme ; car, de deux choses l'une, ou il y a écrasement si la roue tombe d'aplomb, ou il y a bouleversement si la roue n'atteint que latéralement une des pierres composant la chaussée.

Et aucuns de ces effets ne se produisent avec les faibles charges.

On remarque encore que, sous de petits chargements, le limonier, ou les deux timoniers, sont tout à fait maîtres de leur charge ; que la circulation est libre, facile, sur la largeur entière de la chaussée ; que les voitures se croisent sans grands efforts, sans se jeter dans les accotements.

Et au contraire, lorsque des voitures de masses circulent, le cheval dans les brancards ou les chevaux au limon sont évidemment au-dessous de ce qu'ils devraient produire de force ; la charge les commande et les gouverne : presque jamais, en croisant une voiture, l'attelage ne peut retenir le chargement sur le bord de la chaussée.

Ces circonstances s'aggravent encore avec des neiges, des glaces, des dégels, des verglas ; il en advient surtout ces glissements latéraux qui font verser si souvent les hauts chargements.

Dans les descentes rapides, ces accidents se reproduisent encore sur une bien autre échelle.

Autant les attelages des petits chargements maîtrisent leur voiture sans enrayage, sans sabots, sans chevaux de retraite, autant, au contraire, tout s'aggrave pour les chargements de masses, de telle sorte que malgré l'action de la mécanique servant de frein, du sabot que l'on ajoute souvent, et de chevaux mis en retraite, l'attelage entier se cramponne avec les efforts les plus fatigants, et l'on peut dire que la masse ne roule pas, mais qu'elle se traîne et qu'elle traîne après elle les chevaux, lesquels descendent en se roidissant et en glissant.

Il faut, d'ailleurs, ne pas perdre de vue que toujours l'industrie profitera des tolérances comme largeur de jantes ;

Que si la loi accorde une tolérance d'*un demi-centimètre*, c'est avec du fer de 0ᵐ.055 qu'on fera les bandes de 0ᵐ.06, avec du fer de 0ᵐ.075 qu'on fera les bandes de 0ᵐ.08, etc., et qu'en conséquence, c'est encore une augmentation pour chaque zone de 0ᵐ.01 de bandes :

Pour les jantes de 0ᵐ.06, de 1/12,
de 0 .10, de 1/20,
de 0 .14, de 1/28.

Expérience importante sur les chocs.

Enfin, il est impossible que l'on ne prenne pas en considération aussi (et ces expériences s'appliquent surtout aux chargements de masses) une série de faits observés par M. Raucourt, et qui établit :

D'une part, la destruction notable qui affecte les matériaux nouvellement employés avant leur enchâssement comme chaussée, même sous des pressions peu considérables ;

Et surtout les effets certains, comme percussion, qui se produisent lorsque les voitures trouvent des obstacles et retombent de plusieurs centimètres de hauteur.

Les ingénieurs qui emploient les matériaux sur la route à l'état de pierres seulement superposées, trouveront dans ces mêmes faits la mesure de la consommation excessive de matériaux, qui est la conséquence nécessaire de ce système déplorable d'emploi.

Or, voilà les résultats obtenus par M. Raucourt avec l'appareil qu'on doit à M. Coriolis, au moyen de la compression du plomb pour établir une assimilation entre la pression et les percussions.

HAUTEUR de chutes.	PRESSION sans ct oc.	CHUTE DE				OBSERVATIONS.
		$0^m.02$	$0^m 04$	$0^m.08$	$0^m.12$	
Route élastique sur sol de glaise. . .	k. 650	1200	1500	2000	2700	Une chute de $0^m.12$ répond donc à
Route rigide sur sol de rocher. .	700	1300	2100	2900	3900	*une pression quintuple du poids.*

Ainsi avec le cassage ordinaire des routes à $0^m.06$, les percussions (qui seraient ici représentées par les chiffres approximatifs 1750 et 2500 pour des pressions de 650 à 700) varieront suivant qu'il y aurait sol élastique ou non élastique, mais peuvent moyennement être évaluées *au triple de la pression*, c'est-à-dire à 450 kilogrammes par zone de $0^m.01$ de bande.

Il se produit habituellement des chocs qui répondent au triple du chargement de la voiture.

Ces chiffres de pression, qui ne se réalisent que trop souvent par des emplois inintelligents de matériaux, indiquent avec quelle prudence il faut procéder, si l'on veut une réglementation qui ait quelque efficacité, car les seuls chargements de 4000 kil. pour les charrettes, et de 6000 kil. pour les chariots, produiront ainsi au droit des emplois neufs souvent des chocs répondant à des pressions de 12 000 et 18 000 kilogrammes.

Circulation et considérations commerciales.

Au point de vue de la circulation, les routes gagneront véritablement d'une manière notable à la suppression des chargements de masses, et ce, par deux motifs :

La circulation est éminemment intéressée à la suppression des forts chargements.

En premier lieu, les très-longs attelages entravent singulièrement le libre passage et le croisement des voitures légères.

Il suffit, en effet, de faire remarquer qu'un grand chariot de $0^m.22$, n'a pas une longueur moindre de. . . . . 5^m.3o

Et que les quatre paires de chevaux occupent chacune au moins 2^m.3o , et pour quatre. 9 20

Longueur totale d'un de ces chariots. . . . . 14^m.5o

En deuxième lieu , pour un chargement de 6ooo kilogrammes de poids utile , par exemple , avec la.sujétion inévitable des roues au droit desquelles il n'y a pas moyen de s'élargir, il faut un volume de 3^m.5o à 4^m.oo de haut, de près de 5^m.3o de longueur, et de *quelque* 2^m.6o *de large.*

C'est-à-dire qu'il faut nécessairement une saillie considérable de chaque côté des rives de la voiture.

Et ce serait une erreur de penser qu'on peut réduire ces volumes , à moins de réduire les poids , et ce , attendu qu'il y a des conditions de chargement qui sont impérieuses par des volumes déterminés de marchandises. Les laines d'Espagne sont expédiées dans des sacs de 3^m.3o de longueur. Les sacs de houblon d'Allemagne présentent les mêmes dimensions. Les balles de soie doivent être accouplées deux par deux , pour faire un chargement qui ait de la stabilité , etc., etc.

Ainsi les chargements de masses ont pour conséquence nécessaire de présenter un volume considérable en largeur, de rétrécir ainsi les routes , de rejeter nécessairement sur les accotements et dans les abords les voitures qui doivent croiser et surtout dépasser ces énormes charrettes et chariots.

Le commerce, indépendamment d'un moindre prix de revient, y trouve aussi de précieux avantages. Au point de vue industriel et indépendamment de cette considération si décisive du reste (au développement de laquelle nous consacrerons un chapitre spécial), *de l'abaissement qui résultera certainement dans le prix de revient de l'emploi désormais possible des voitures à jantes étroites,* il est plusieurs motifs qui viennent se réunir en faveur des faibles chargements.

Car ce ne sont pas seulement les routes qui sont écrasées par ces lourdes charges ; la marchandise en souffre aussi et très-gravement.

A peine est-il question d'avaries pour de faibles chargements, et au contraire c'est une éventualité qu'il faut prendre en grande part lorsqu'il s'agit de chargements de masses.

Des hommes expérimentés évaluent que dans ces deux modes de transport les avaries (42) sont peut-être dans le rapport de 10 : 1.

D'une autre part , plus les moyens de transport entre deux points commerciaux sont fréquents, réguliers, et accélérés , et plus les échanges se font avec avantage et croissent en développement.

---

(42) Une seule circonstance entre cent; lorsqu'on arrive à des barrières, où se trouve établi un service d'octroi, il faut presque décharger une voiture de masse pour en rendre la visite possible, et, au contraire, les petits chargements peuvent être inspectés pour ainsi dire sans toucher à la voiture .

Les marchandises restent ainsi moins longtemps en cours , en magasins , en chômage ; les livraisons se réalisent presque immédiatement ; le recouvrement a lieu de suite ; le ré-emploi du même capital se multiplie. Or, rien plus que les chargements de masse ne fait obstacle à toutes ces conditions si désirables.

Les chargements de masse s'opposent aussi au développement des concurrences , car ils ne peuvent point s'amoindrir ; il leur faut trop d'aliments pour vivre. Et au contraire les petits chargements , sans trop souffrir, peuvent se plier aux diverses variations de tonnages dont ils viendraient à être affectées : c'est alors sans abaissement de prix que s'opère le partage des affaires et cette combinaison est bien plus sage pour l'industrie du transport en particulier, bien plus utile pour le commerce en général, qu'une lutte à mort toujours chanceuse entre deux entreprises rivales , toujours suivie d'une augmentation sur ces mêmes prix de transport.

Une plus grande promptitude, une sécurité entière dans les arrivages , un très-notable amoindrissement dans les causes principales d'avaries , un développement certain et sans secousse dans les moyens de transport à la disposition du commerce, tels sont , avec une diminution très-notable dans les prix, les avantages qui motivent la condamnation *des services de masse* (43).

Tout concourt donc , et les routes en première ligne , pour que l'administration favorise autant que possible cette heureuse révolution en faveur des faibles chargements ; révolution au surplus, nous le répétons une dernière fois, qui est encore peut-être plus nécessaire dans les intérêts du roulage, ainsi que le démontrera le chapitre X.

---

(43) Le commerce appelle *service de masse* les charrettes de 0^m.25 et 0^m.17, et les chariots de 0^m.22, 0^m.17 et 0^m.14, dont suit le détail :

CHARRETTES.				CHARIOTS.					CHARIOTS voies inégales.					
Jantes —0^m.17.		Jantes —0^m.25.		Jantes =0^m.14.		Jantes =0^m.17.		Jantes =0^m.22.		Jantes =0^m.14.		Jantes =0^m.17.		Jantes =0^m.22.	
Hiver.	Été.	Hiver.	Été.	Hiver.	Été.	Hiver.	Été.	Hiver.	Été.	Hiver.	Été.	Hiver.	Été.	Hiver.	Été.
4800	5800	6800	8200	4700	5700	6700	8100	8700	9600	5200	6200	7400	8800	9500	11400

CHAPITRE IX.

VOITURES PUBLIQUES. — MESSAGERIES. — LEURS CONDITIONS EXCEPTIONNELLES.

On rappelle ce qui a été dit sur le roulage suspendu, au chapitre VII.

On a vu qu'au point de vue de la dégradation des routes, la *suspension au trot* devait être assimilée à la *non-suspension au pas.*

Que dès lors, dans les mêmes conditions de jantes et de diamètres, toute voiture suspendue au trot avait droit au même tarif que le roulage ordinaire.

Et comme, d'une autre part, le roulage suspendu au trot des *marchandises exclusivement* n'avait aucune autre condition à remplir que celles qui affectent le roulage au pas, comme, par exemple, pour des fourgons, on est complétement maître de donner aux roues des diamètres analogues à ceux qu'emploie le roulage au pas, on a dû en conclure que le même tarif devait être appliqué et aux chariots ordinaires, et *aux fourgons* suspendus au trot, portant seulement des marchandises. Mais nous avons laissé pressentir que *les voitures publiques destinées* au *transport des voyageurs* ne pouvaient être réglementées d'après les mêmes principes.

Pour les voitures à voyageurs, en effet, tout est sujétion et presque impossibilité, lorsqu'on veut songer à augmenter le diamètre des roues uniformément, on pourrait dire exclusivement en usage pour toutes les grandes voitures de messageries.

Ces roues n'ont cependant que $0^m.86$ à l'avant-train, et $1^m.36$ à l'arrière-train.

Et, comme on l'a dit plus haut, ces diamètres, d'après l'échelle adoptée dans les tarifs du roulage au pas ou des fourgons suspendus au trot, ne donneraient rationnellement droit qu'aux chargements ci-après :

Pour le diamètre de $0^m.86$ par zone d'un centimètre.	à $64^k.50$
Pour le diamètre de $1^m.36$ de largeur de bandes.	à $102^k.00$
	$166^k.50$
Et pour réduite ci.	83. 25

Et ce chiffre ne répondrait, dans les tableaux du nouveau tarif du roulage, pour des jantes de $0^m.11$, qu'à un chargement de. . . . . 3663 kil.

Lorsque le chiffre aujourd'hui accordé, *en été*, pour les mêmes jantes de $0^m.11$, non compris une tolérance fixe de 200 kil., est de. . . . . 4400 kil.

Trois questions à discuter.

Dans cette situation de choses, les questions à discuter se présentaient dans l'ordre suivant :

Est-il possible, administrativement et industriellement, en considérant le module actuel des roues en usage comme une loi impérieuse pour cette industrie, de réduire dans une proportion aussi considérable le chiffre du chargement accordé depuis 1837 et 1838 aux messageries?

Ou bien est-il possible d'augmenter le diamètre des roues de ces voitures?

Et pourrait-on ainsi, par l'un de ces deux moyens, faire rentrer ces voitures dans le tarif normal basé sur la loi d'égale dégradation des routes?

Ou enfin, dans le cas de la négative sur ces deux questions, à quel parti doit-on s'arrêter?

Sur la première question, et après un examen approfondi, basé sur l'état actuel des besoins à satisfaire pour le commerce, du matériel que ces besoins exigent, des poids morts qui en sont les conséquences, du poids utile en marchandises qui est, d'une autre part, indispensable pour balancer, avec bénéfice, tant les impôts qui pèsent sur ces établissements que les dépenses en capital, et les frais journaliers de traction, nous déclarons que le chiffre de 4400 k. nous paraît une nécessité vitale pour les messageries.

Un fait important vient, au surplus tout d'abord, jeter une vive lumière sur cette fixation de poids.

Jusqu'à ce que cette condition eût été accordée à cette industrie, toutes les administrations de messageries, même celles composées des hommes les plus honorables, étaient condamnées à se mettre volontairement en état de contravention permanente et à employer tous les moyens, même les plus répréhensibles aux yeux de la loi et de la morale, pour atténuer ou annihiler l'effet de la réglementation.

Et au contraire, la concession de ce chiffre a été le commencement d'une ère nouvelle d'ordre, de morale, de légalité.

Nous présentons à ce sujet le tableau du nombre de procès-verbaux de contravention qui ont été dressés contre une des entreprises de messageries les plus importantes de France (*), et nous comparons dans ce tableau deux périodes, l'une antérieure, l'autre postérieure à la concession faite en 1837 et 1838 du chiffre de 4400 k.

Nota.	1re PÉRIODE, de 1836 à 1838.			2e PÉRIODE, de 1839 à 1841.		
Tous ces procès-verbaux ont été dressés exclusivement pour les surcharges.	1836	1837	1838	1839	1840	1841
Nombres des procès-verbaux.	4124	3775	1757	462	382	277

Ces nombres respectifs de procès-verbaux doivent être comparés, d'une part, à la multiplicité des départs et des arrivées, et, d'une autre part, au chiffre total de parcours d'une année.

Le chiffre de 4400 k. est une condition vitale pour les grandes messageries.

Diminution du nombre des contraventions.

(*) L'administration des Messageries royales, rue Notre-Dame-des-Victoires.

Le nombre des départs et des arrivées s'est élevé, en 1840, à. 34,566
Ce chiffre répond également à la moyenne des cinq années 1836-40.
Le nombre de lieues parcourues en 1840 a été de. 2,082,730

Ces faits sont parlants : ils justifient complétement la sagesse de la mesure ; et, surtout après une possession de trois années, lorsque aucun inconvénient grave, sous le rapport de la plus grande dégradation de routes, n'a été signalé comme la conséquence de cette plus grande liberté, il est impossible de revenir à nouveau sur cette sorte de transaction entre les routes et les voitures à voyageurs.

Il nous a paru néanmoins désirable, pour l'administration, de chercher à apprécier la véritable mesure des avantages que ce chiffre de 4400 k. donne aux messageries.

Et nous avons à ce sujet constaté personnellement les faits qui suivent :

Poids d'une voiture à vide. — Voici le poids certain à vide, suivant les modèles de 1841, d'une grande voiture de messagerie, à trois compartiments, coupé, intérieur, rotonde et impériale (*avec roues de* 0^m11) :

Train ferré.	235k.		Caisse ferrée sans garniture. . .	990k.
Avant-train.	120		Garnitures de coussins.	34.50
Timon, *palonnier, valet*.	48.50		——————de matelas.	47
Sabot mécanique et chaîne d'en-rayage.	85		Capote, tablier, garniture d'impériale, bâche.	125.50
Deux grandes roues de $0^m.11$. .	240		Agrès complet.	44.50
Deux petites roues *id*.	190			
Train et roues.	918.50		Caisse et agrès.	1241.50

Poids total d'une grande voiture à 16 voyageurs, à vide = 2160 kil.

On sait que les seize voyageurs d'une grande voiture sont répartis, savoir : trois dans le coupé, six dans l'intérieur, quatre dans la rotonde et trois sur l'impériale.

Une longue expérience a fait adopter pour les chiffres moyens d'un voyageur et de ses bagages non pesés à la romaine, un poids de 75 kil.

On sait encore que les messageries portent les fonds des receveurs généraux. Ces transports s'effectuent dans des sacoches qui contiennent chacune 10,000 fr. et qui par conséquent pèsent 50 kil.

La bâche au-dessus de la voiture présente une capacité de $3^m.04$ de longueur sur $1^m.70$ de largeur, et $0^m.80$: c'est-à-dire de $4^{m.c}.13$.

Le relevé authentique des objets chargés par chaque voiture établit que le poids ordinaire des objets placés sur une impériale, y compris les malles des voyageurs, ne s'élève généralement qu'à 850 kil., ce qui donne par poids moyen des objets, transport, marchandises, caisses, modes, malles, cartons, etc., *par mètre cube*. . . . . *le chiffre de 200 kil.*

La charge ne s'élève que très-rarement à 900 kil. ; et, déduction faite de 4 à 500 kil. de bagages, malles, etc., accordés aux voyageurs, il ne reste que quelque 500 kil. de marchandises.

Or, voici l'aménagement ordinaire d'une diligence :

Composition d'un charge-
ment complet.

Dans la caisse, 13 voyageurs à 75^k.	925^k.	1.075_k.
Dans les coffres trois sacoches de 10.000 fr.	150	
Sur l'impériale, le conducteur et le postillon et trois voyageurs.	375	
Chargements { en bagages à 30^k. par voyageur.	480	1.325.
{ pour marchandises.	470	
Voiture à vide.		2.160
		4.560^k.
Marge pour la pesée aux ponts à bascules.		40
Poids autorisé avec tolérance.		4.600^k.

Nous avons supposé le chargement complet en voyageurs. Mais lorsque les voyageurs ne sont pas au complet (et en spéculation de messagerie, comme pour la perception des droits, on ne compte moyennement que sur les *deux tiers du plein*) on complète le chargement de deux manières, soit (et c'est le moyen le plus habituel) en achevant de remplir les coffres en argent (ces coffres peuvent tenir jusqu'à six ou sept sacoches de 10,000 fr.) ; soit en faisant de la rotonde un magasin supplémentaire, mais ce cas est rare et ne se réalise que pour les ports de mer, pour des départs pressés de certains paquebots à vapeur.

Du reste, il n'arrive jamais qu'on puisse porter le poids des marchandises de l'impériale même à 1000 kil. Aujourd'hui en effet les bagages des voyageurs se composent d'un bien plus grand nombre qu'autrefois de paquets encombrants, mais peu lourds ; les femmes surtout ont pour leurs robes et modes de hautes caisses qui ne pèsent presque rien et qui produisent un très-grand volume ; on ne met non plus jamais d'argent sur l'impériale que dans le cas très-rare où l'argent est *en baril*. Les barils contiennent 25,000 fr., leur poids est par conséquent seulement de 125 kil. ; ce n'est pas un poids plus considérable que beaucoup d'autres ballots ; ces barils se chargent à l'épaule et à l'échelle.

Et par suite de toutes ces sujétions, il est justifié par les livres des messageries, qu'assez souvent, lorsqu'il ne se trouve par exemple au départ que cinq ou six voyageurs, le poids total de la voiture, chargement compris (notamment pour les ports de mer qui appellent des expéditions considérables de modes), ne s'élève qu'à 3,500 et 3,600 kil.

Voici enfin le relevé des *prix actuels de transport* et *des voyageurs et des marchandises* par les messageries (44) :

Prix actuels des transports,
des voyageurs et des mar-
chandises.

---

(44) Tous ces prix appartiennent à l'année 1840.

Dans le prix de 0^f.46 se trouvent compris les pour-boire du conducteur et postillon pour 0^f.06.

Ce qui réduit le prix (de 0^{fr}.46) trouvé *pour les places d'intérieur à* . . . . 0^f.40.

Le prix moyen de 16 à 18 voyageurs est encore inférieur à ce taux, puisque les seules places du coupé sont plus chères, et que les prix de la rotonde ou de l'impériale sont moindres.

Prix actuels des Messageries royales (*).

INDICATIONS.	Calais.	Lille.	Le Havre.	Nantes.	Bordeaux.	Toulouse.	Lyon.	Besançon.	Mulhouse.	Strasbourg.	Prix réduits par lieue de 4000ᵐ.00.
Distance de Paris à. . (en lieues de 4000ᵐ.)	67.50	58.75	52	98.50	139.50	176.75	117.25	100	118	116.50	»
Par voyageur, prix de l'intérieur.	fr. 24	fr. 25.50	fr. »	fr. 38.50	fr. 74.20	fr. 87	fr. 56.50	fr. 47.50	fr. »	fr. 51.75	fr. 0.46
Marchandises , par 100 kilogrammes, prix réduit, allée et retour.	25	16	22	30	60	65	30.50	30	35	44	0.35

Ainsi, d'une part, les derniers 400 kilogrammes du poids accordé aux messageries, répondent précisément à la presque totalité du revenu de cette entreprise en transport de marchandises.

Et d'une autre part ,

Les 500ᵏ de marchandises que les voitures de messageries peuvent porter à raison de 0ᶠ. 35, répondent à un produit par lieue de. . . . . 1ᶠ.75 } a

Lorsque les 10 voyageurs qui constituent les 2/3 du plein, sur lesquels on peut compter, ne produisent à raison de 0ᶠ. 46, que . . . . . 4. 60 } par lieue 6ᶠ. 35

C'est-à-dire que le transport des marchandises équivaut presque aux 38/100 , *près des deux cinquièmes*, du produit des voyageurs.

Et que ce produit s'évanouirait complétement, si au lieu d'accorder 4 400 kilogrammes aux messageries , on réduisait le tarif à 3 900 kilogrammes.

On s'explique donc la nécessité des chargements accordés aujourd'hui.

D'ailleurs, lorsque l'on veut approfondir la question de la forme des voitures, et des essais tentés surtout pour obtenir la possibilité de réduire les attelages à quatre chevaux, on reste convaincu que dans les conditions où se trouvent encore les routes de France, notamment dans l'hiver, la force de quatre chevaux ne pourrait suffire qu'à des voitures dont la dimension serait par trop désavantageuse comme produit.

Qu'il faut dès lors, comme coupe industrielle , adopter jusqu'à présent et *l'attelage de cinq chevaux* et la forme des voitures actuelles , si l'on veut obtenir dans la comparaison des dépenses (tant en capital qu'en traction), et des revenus , la recette nette la plus avantageuse possible.

Que jusqu'à ce qu'on puisse ou diminuer les impôts (le 10ᵉ tant du prix des places que du prix des marchandises, et les 0ᶠ25 de maîtres de poste (45)) qui pèsent sur ces sortes d'entreprises, jusqu'à ce qu'également les routes de France aient encore reçu un nouveau degré d'amélioration , il

Le transport des marchandises répond comme recette brute aux 2/5 du transport des voyageurs.

Cette partie des recettes disparaîtrait si l'on diminuait le chiffre de 4400ᵏ.

(*) *Voir* là note (44) à la page précédente.
(45) Ces droits sont réglés aujourd'hui à raison de 29 centimes par myriamètre.

faut se contenter de la vitesse que permettra la double condition et d'un transport simultané de marchandises, et d'un matériel lourd à proportion.

Il faut d'ailleurs, en industrie, marcher avec les besoins et ne pas les devancer sous peine de faire de trop dangereux sacrifices.

La vitesse a son prix; ce prix croît dans des proportions considérables lorsqu'on vient à dépasser certaine limite, et pour se décider à produire cette espèce de vitesse, il faut être sûr que le public veuille la payer.

Or, précisément, le public se décide difficilement à s'imposer au delà d'un prix moyen, même lorsqu'on lui offre en échange bien au delà d'une vitesse moyenne; il y regarde à deux fois avant de sortir du cercle de l'utile, du nécessaire.

Voici au surplus, dans l'état actuel de l'industrie des messageries, les vitesses assurées aux voyageurs, ainsi que les temps de repos qui sur chaque ligne sont, en général au moins, affectés aux repas.

Vitesse actuelle des grandes messageries.

Vitesse des Messageries royales.

DESTINATION.	DISTANCES.		TEMPS DU PARCOURS.			VITESSE (par heure)		OBSERVATIONS.
	En kilomètres.	En lieues de 4000ᵐ.00.	En route.	Séjour et repas.	Total.	réelle des chevaux sans avoir égard aux séjours, en lieues de 4000ᵐ.00.	effective des voyageurs, eu égard aux séjours et repas en lieues de 4000ᵐ.00.	
			heures.	heures.	heures.	lieues.	lieues.	
Calais.	270	67.50	22	2	24	3.07	2.81	
Lille.	235	58.75	22	2	24	2.67	2.45	
Le Havre. . . .	208	52.00	15	1/2	15 1/2	3.47	3.35	
Nantes.	394	98.50	36	2	38	2.73	2.59	
Bordeaux. . . .	558	139.50	53	3	56	2.63	2.49	
Toulouse. . . .	707	176.75	96	7	103	1.84	1.71	
Lyon.	469	117.25	51	3	54	2.31	2.17	
Besançon. . . .	400	100 00	46 1/2	3 1/2	50	2.15	2.00	
Mulhouse. . . .	472	118.00	49	3	52	2.41	2.27	
Strasbourg. . . .	466	116.50	47	2 1/2	49 1/2	2.47	2.34	
						25.75	24.18	
Vitesses moyennes.						2.58	2.42	

D'ailleurs, une plus grande vitesse ne laisse pas que d'être assujettie à certaines exigences que, sous le double rapport de la commodité, et quelquefois de la santé, on ne peut pas toujours consentir; on ne s'arrête plus pour prendre des repas, même éloignés; il est impossible de descendre, même aux relais, etc. Les femmes, les enfants, les hommes âgés ne peuvent accepter ce régime.

Un des documents qui nous ont semblé le mieux établir cette vérité, est le tableau des places offertes par les malles-postes, et des places prises par les voyageurs.

ANNÉES.	ENTRE PARIS et les 13 principales villes de France.		ENTRE CES 13 PRINCIPALES VILLES entre elles.		OBSERVATIONS.
	Places offertes.	Places prises.	Places offertes.	Places prises.	
1828	2 800 000	1 551 702	1 278 000	567 836	
1829	2 920 000	1 704 160	1 258 000	575 213	
1830	2 920 000	1 692 344	1 258 000	580 322	
1831	2 425 000	1 358 208	909 000	423 136	

Ces tableaux apprennent que, toute balance faite des avantages et des inconvénients de ces transports si rapides, le public n'est pas aussi désireux qu'on le supposerait de se servir de cette plus grande vitesse, ou qu'il ne croit pas, jusqu'à présent du moins, devoir la payer 75 c. par lieue (*).

C'est-à-dire qu'il préfère, dans les conditions qui sont les conséquences de ces diverses vitesses, aller *un tiers moins vite*, et obtenir dans les prix *une diminution entre le tiers et la moitié*.

Il ne faut pas perdre de vue, d'ailleurs, comme nous l'avons déjà dit, que l'industrie des messageries se trouve assujettie à des impôts considérables qui lui donnent bien quelques droits à une bienveillance presque exceptionnelle.

Aucun de ces impôts n'atteint, en effet, le roulage ordinaire; et, au contraire, ces impôts pèsent sur les messageries et s'élèvent à des sommes considérables.

Voici les chiffres que nous avons recueillis et pour l'établissement de la rue Notre-Dame-des-Victoires, et pour, en général, toutes les messageries de France :

1° *Droits de dixième.*

Années.	Droits payés par les Messageries Royales.	Droits payés par toutes les messageries de France.
1837	1.073.283	6.261.100
1838	1.012.964	6.513.503
1839	1.092.446	6.910.069
1840	1.327.082 (46)	

2° *Droits de 29 centimes par myriamètre aux maîtres de poste.*

Ces droits se sont élevés, pour les Messageries royales et pour l'année 1841, à la somme énorme de 1,168,137 fr.

(*) C'est le prix des malles-postes.

(46) Les pour-boire payés par les voyageurs aux conducteurs et postillons, avaient été régularisés depuis plusieurs années dans l'intérêt des voyageurs.

Depuis 1840, les contributions indirectes ont exigé le payement du dixième sur les pour-boire, ce qui explique, en grande partie, les différences de 1839 à 1840.

Les droits sur toutes les voitures ont dû s'accroître dans la même proportion. On ne pourra en avoir le chiffre que dans les comptes que présentera le trésor pour 1840, dans la session 1842.

3° Tableau récapitulatif des impôts qu'a payé, en 1840, l'établissement des Messageries royales.

On a vu que le nombre des départs et des retours dans cette année a été de 34,566, et que le parcours total est d'environ 2,000,000 de lieues (de 4 kilomètres).

Droits de 1/10 aux contributions indirectes.	1,327,000 fr.
Droits de 29 centimes aux maîtres de poste.	1,168,000
Frais de conduites à l'octroi.	24,000
Patentes et poids et mesures.	15,000
Fonciers et portes et fenêtres.	31,000
Total.	2,565,000 fr.

En admettant que les Messageries royales constituent à elles seules le 1/6 environ des messageries de France, on trouvera, pour le chiffre total des impôts de cette industrie en France, au delà de. . . . . 15 millions.

Mais ces considérations, tout en justifiant le maintien du poids de 4,400 k., laissaient néanmoins tout entière la question de savoir s'il n'était pas possible de ramener les messageries au tarif normal fondé sur la loi d'égale dégradation, en augmentant les diamètres des roues.

Nous avons cru devoir, à ce sujet, rechercher les divers modèles qui, successivement, ont été adoptés pour messageries.

Voici le tableau des grandeurs de roues successivement mises en usage depuis vingt-cinq années.

ANNÉES	ROUES DE DERRIÈRE.	ROUES DE DEVANT.	OBSERVATIONS.
1815	mèt. 1.64	mèt. 0.94	C'est le très-ancien modèle de nos messageries de France, il n'y avait que 9 voyageurs d'intérieur. La suspension était sur sous-pentes. Le magasin était derrière la voiture et n'était pas suspendu.
1816	1.45	0.91	C'est alors que les voitures sur ressorts ont été imitées de l'Angleterre, et que le magasin de derrière a été supprimé. On adopte à peu de chose près la forme actuelle.
1835	1.40	0.90	Ces diminutions de hauteur de roues sont successivement introduites pour diminuer le nombre des procès-verbaux à raison de la trop grande hauteur des chargements.
1838	1.36	0.86	

Et aujourd'hui encore deux conditions imposent de petites roues :

D'abord, le voyageur a moins de hauteur à franchir pour monter et descendre ; mais avant tout, on a été successivement astreint à ces diminutions de diamètres de roues pour satisfaire à la loi, qui veut que le dessus du chargement de l'impériale ne soit pas à plus de $3^m.00$ au-dessus du sol.

Or, tout est calculé pour concilier avec cette sujétion, et la commodité des voyageurs, et la hauteur la plus grande possible pour la bâche des marchandises sur l'impériale.

Il faut que la roue de devant puisse tourner sous les brancards pour éviter les accidents lorsque la voiture entre, au trot par exemple, dans une cour pour remiser. Et cette condition, même avec les roues de devant de $0^m.86$, place les brancards à $1^m.00$ au-dessus du sol.

On a pu néanmoins abaisser le sol ou cave de la caisse à $0^m.74$ au-dessus du sol, ci. . . . $0^m.74$
On a reconnu encore suffisant de donner à la caisse une hauteur de. 1. 46
Et il reste dès lors pour la hauteur de la bâche. o. 80
$$\overline{\hspace{2cm}}$$
$3^m.00$

On sait que le cabriolet de l'impériale est de $0^m.35$ encore en contre-haut du dessus de la bâche.

Élévation au-dessus du sol des centres de gravité des voitures vides et des voitures chargées.

Il en résulte la position ci-après pour les centres de gravité des diverses parties tant de la voiture que de son chargement.

En premier lieu, la voiture vide a son poids ainsi réparti : —

	POIDS.	HAUTEUR		MOMENT	OBSERVATIONS.
		de la zone totale.	du centre de gravité au-dessus du sol.	par rapport au sol.	
1° Du sol à l'axe des petites roues; zone qui comprend une partie du poids des roues.	kil. 165	m. 0.43	m. 0.22	k × m. 34.10	
2° De l'axe des petites roues au-dessus de la parclose ou banquette des voyageurs, zone qui comprend le train, l'avant-train, une portion des roues, les ressorts de caisse, les marchepieds, les caves des voitures, parcloses, coussins, etc.	1242	0.67	0.77	956.72	
3° De la parclose au sommet de la caisse; zone qui comprend le reste des roues et de la caisse avec les matelas.	547	1.10	1.65	902.55	
4° En contre-haut du dessus de la caisse; zone qui comprend la capote, le cabriolet d'impériale, le siége du postillon et la bâche.	216	1.15	2.775	599.40	
	2160.	3.35		2492.77	

Et le centre de gravité de la voiture vide se trouve ainsi au-dessus du sol. . . . . . à $1^m.15$

Et alors les divers poids qui composent le chargement total sont ainsi répartis :

		POIDS.	HAUTEUR du centre de gravité au-dessus du sol.	MOMENT par rapport au sol.	OBSERVATIONS.
		k.	m.	k × m.	
	Voiture vide.	2160	1.15	2484	
Caisse.	{ 13 voyageurs et sacoches d'argent (*voir* plus haut.)	1075	1.47	1580	
Impériale.	{ Conducteur, postillou, 3 voyageurs, bagages et marchandises (*voir* plus haut).	1325	2.60	3445	
		4570		7509	

Ce qui place le centre de gravité du système entier des voitures actuelles ,
avec roues de $0^m.86$ et de $1^m.36$, *au-dessus du sol.* . . . . à $1^m.64$

Lorsqu'on veut augmenter le diamètre des roues, non-seulement il faut
relever la voiture d'une quantité égale à l'accroissement du rayon de la roue,
mais encore, pour que la roue tourne sous la voiture , et afin que cette roue
ne rencontre pas la cave de la voiture *abaissée entre les brancards* , il faut
remonter cette cave de quelques centimètres de plus.

C'est ce que nous avons parfaitement reconnu dans les essais que l'adminisration des messageries rue Notre-Dame-des-Victoires a bien voulu faire à
notre demande, de roues d'un diamètre plus grand que les dimensions aujourd'hui en usage. Essais de nouveaux modèles de roues.

On avait construit pour cette expérience deux nouvelles combinaisons de
roues de derrière et de roues de devant; savoir :

1° Une paire de roues de devant de $1^m.00$, et une paire de roues de derrière de $1^m.50$;
2° Une paire de roues de devant de $1^m.16$, et une paire de roues de derrière de $1^m.66$.

Ainsi, trois voitures complétement chargées ont pu être comparées :

Roues actuelles. . . . . . $d = 0^m.86$, $D = 1^m.36$, le brancard est à $1^m.00$ au-dessus du sol.
Roues modèles construites { $d = 1^m.00$, $D = 1^m.50$, le brancard était à $1^m.10$.
pour l'expérience. . . . { $d = 1^m.16$. $D = 1^m.66$ le brancard était à $1^m.27$.
Une augmentation de $0^m.07$ dans le rayon des roues oblige donc de relever la voiture de $0^m.10$
Et une augmentation de $0^m.15$ dans le rayon des roues oblige de relever la voiture de $0^m.27$

Or, il faut remarquer que, non-seulement la caisse de la voiture , mais
encore le centre de gravité de la voiture et de son chargement est alors
relevé de cette même quantité (48).

---

(48) Mathématiquement, et à cause des plus grandes roues, le centre de gravité ne se relève pas
tout à fait autant que la caisse , mais la différence n'est que de quelques millimètres.

On conçoit aussi que les roues de devant, en tournant sous la voiture, ne puissent point se développer sur un angle aussi ouvert, sans rencontrer le timon.

> La roue de 0ᵐ.86 donne un angle total de mouvement de 70° (49)
> ————— de 1ᵐ.00 ————— un angle ————— *Id.* ———— de 57°
> ————— de 1ᵐ.10 ————— un angle ————— *Id.* ———— de 54°

Trois inconvénients sont donc la conséquence de l'augmentation des diamètres des roues :

1° Les voyageurs ont plus de hauteur à franchir pour monter en voiture ;

2° Comme la hauteur de 0ᵐ.80 de la bâche est de première nécessité, il faudrait augmenter la dimension de 3ᵐ.00 assignée au chargement, et cette augmentation devrait être au moins égale au relèvement de la caisse de la voiture ;

3° Le centre de gravité du système se trouvant remonté à 1ᵐ.75 (pour les roues de 1ᵐ.00), et à 1ᵐ.94 pour les roues de 1ᵐ.16, la voiture serait encore plus susceptible de verser.

Ces inconvénients ont semblé à la simple vue tellement marqués pour la combinaison des roues de 1ᵐ.16 sur le devant et de 1ᵐ.66 sur le derrière, que nous n'hésitons pas à déclarer cette combinaison inadmissible pour des voitures qui ont la forme des diligences d'aujourd'hui.

La combinaison des roues de 1ᵐ.00 sur le devant , et de 1ᵐ.50 sur le derrière , a semblé au contraire assez satisfaisante ; certainement les voitures ainsi établies exigeraient moins de tirage, et seraient moins nuisibles aux routes, mais cependant,

Au fond : attendu que cette disposition relève encore la caisse de 0ᵐ.10 , lorsqu'il existe au contraire comme un besoin général de voir abaisser le plus possible les caisses de toutes les voitures ;

Attendu que ce serait toujours surhausser le centre de gravité et introduire par conséquent une condition moins bonne comme stabilité, comme sécurité du voyageur ;

Attendu que les accidents sont déjà trop nombreux , avec les poids de masses des messageries, dans l'hiver, surtout à l'époque des neiges et du verglas, lorsque par exemple une voiture vient à glisser latéralement, transversalement à la chaussée , et par suite à verser presque inévitablement ;

Attendu que les entrepreneurs de messageries se plaindraient avec raison si on leur imposait de nouvelles roues sans leur accorder un plus fort chiffre de chargement , et que cependant le chiffre de 4,400 kilog. est déjà tellement dangereux *par la quantité de mouvement* , qui en résulte dans les oscillations transversales , qu'il est sage de ne pas l'augmenter ;

---

(49) L'angle droit est ici supposé de 90°.

Dans la forme : attendu qu'il ne serait pas possible d'introduire dans la loi de la police du roulage, une condition qui tendît à augmenter la hauteur totale du chargement des diligences, sans que M. le ministre des travaux publics se consultât préalablement à ce sujet avec M. le ministre de l'intérieur ;

Dans l'état actuel de la question : attendu que les messageries demandent qu'en présence des éventualités prochaines qui les menacent, et notamment par suite des grandes lignes de chemins de fer projetées, l'administration ajourne autant que possible toute exigence qui aurait pour conséquence d'obliger cette industrie à changer tout ou partie de son immense matériel ;

Attendu, enfin, que depuis quatre ans que le poids de 4,400 kilog. est accordé aux roues actuelles, aucune circonstance grave ne s'est manifestée qui puisse faire contester, et à plus forte raison faire retirer aux messageries cette concession ;

Par tous ces motifs, nous pensons qu'il y a lieu de maintenir le poids de 4,400 kilog. précédemment accordé et nécessaire commercialement aux messageries d'aujourd'hui.

Un fait au surplus vient atténuer les inconvénients que l'on pourrait avec raison entrevoir dans l'emploi de roues de devant de $0^m.86$.

Nous sommes certains que ces roues, dans l'intérêt du tirage et de la vitesse, sont bien moins chargées que ne le supposerait la loi respective des diamètres des roues de derrière et des roues de devant. Et cette certitude, nous la puisons dans les masses comparatives de fers usés et par les roues de derrière, et par les roues de devant pour l'entreprise, par exemple, des Messageries royales. — Voici les chiffres de fer usé pour roues en 1840.

FER NEUF EMPLOYÉ.		FER VIEUX.		FER USÉ.		OBSERVATIONS.
Roues de derrière.	Roues de devant.	Roues de derrière.	Roues de devant.	Roues de derrière.	Roues de devant.	
120.156 k.	95.550 k.	84.109 k.	64.782 k.	36.047 k.	30.768 k.	

Les roues de devant usent donc, comme bandes, 1/6 de moins de fer que les roues de derrière (50).

Le parcours total effectué est évalué (en lieues de 4,000 mètres) à 2,082,730 lieues, ce qui suppose une quantité de fer usé par 1,000 lieues (51). { Pour les roues de derrière de $17^k. 37$ / Pour les roues de devant. . $14 .77$

---

(50) La masse du fer usé répond : { Pour les roues de derrière, aux 0.54 / Pour les roues de devant, aux 0.46 } du fer employé.

(51) M. Dupuit (page 113) évalue l'usé d'une bande de $0^m.17$ du roulage au pas, à 1 kilog. par 20 lieues, et par 1,000 lieues. . . . . 50 kilog.

Ce chiffre, comparé avec celui que nous avons trouvé pour les messageries, confirme ces deux assertions : 1° les larges jantes usent certainement beaucoup plus de fer, et par conséquent fatiguent bien plus les routes qu'on ne l'avait pensé ; 2° le trot avec suspension excède, au contraire, une action bien moindre qu'on ne l'avait jugé jusqu'à présent.

Voici encore quelques chiffres statistiques sur des quantités et dépenses de roues qui s'appliquent à des parcours de route également de quelques millions de lieues.

Années.	NOMBRE de départs et retours.	PARCOURS ANNUEL.		NOMBRE des grandes roues.			NOMBRE des petites roues.			DÉPENSES.	
		En myria-mètres	En lieues de 4000ᵐ.	Neuves.	Totales.	Usées.	Neuves.	Totales.	Usées.	Capital engagé.	Net.
										fr.	fr.
1837	32 182	709 538	1 773 850	1265	1947	1172	1205	1854	1125	518 007	213 716
1838	34 865	809 777	2 024 442	1454	2229	1156	1509	2238	1116	591 395	194 141
1839	36 143	844 619	2 111 622	1617	2690	1489	1614	2736	1426	595 445	266 043
1840	34 709	833 092	2 082 730	1597	2798	1565	1546	2856	1623	596 790	227 840
			7 992 644			5382			5290	2 295 637	901 780
Moyennes			1 998 161	. . .	. . .	1345	. . .	. . . . .	1322	573 919	225 445

Ainsi un parcours annuel de 1,000 lieues exige comme dépense de roues :

Grandes roues de (en nombre) 0.67. $\Big\}$ Dépense annuelle, 112ᶠʳ.83.
Petites roues de   *idem*   0.66.

C'est-à-dire qu'on use une paire de roues de derrière et une paire de roues de devant par 3,000 lieues de parcours.

Ces chiffres concourront à motiver la proposition que nous reproduirons dans un chapitre spécial pour tous les transports, pour tous les véhicules sans exception, de n'avoir qu'un seul tarif, ainsi au surplus que cela avait eu lieu constamment pendant trente ans, pour les messageries, de 1806 à 1837.

C'est, en effet, non-seulement doubler les avances de fonds nécessaires comme approvisionnement de roues, c'est-à-dire, imposer comme capital mort à une industrie, aussi étendue, précisément la moitié de ce dispendieux matériel, mais c'est encore d'une part aggraver considérablement les frais d'entretien par suite des dommages considérables qu'éprouve une roue, qui l'été surtout reste sept mois et demi en magasin.

C'est aussi imposer une sujétion singulièrement onéreuse que d'obliger ainsi cette même industrie à augmenter ses bâtiments et remises déjà si considérables, des magasins nécessaires pour recevoir toutes les roues au repos.

Nous proposerons donc d'en revenir au régime si longtemps prolongé et que 1837 est venu changer, c'est-à-dire, de n'avoir qu'un tarif pour hiver et pour été.

Quant à l'établissement de ce tarif, nous avons vu qu'il devait avoir pour condition obligée, d'accorder aux grandes voitures le poids de 4400 kilogrammes.

Nous avons vu aussi que, dans l'intérêt de la sécurité des voyageurs, on ne pouvait ni se placer dans l'hypothèse de l'égale dégradation des routes, ni songer à appliquer aux voitures publiques la loi des diamètres.

Rien n'est en effet absolu dans le monde, et quelque désirable que soit sûrement une parfaite rationalité dans toutes les parties d'une loi de roulage; il faut convenir que le transport des voyageurs est une catégorie tout à fait à part, qui motive parfaitement une exception en sa faveur, un sacrifice s'il le fallait comme chiffre d'entretien de route, au profit des transports des personnes, de ce mouvement qui constitue le principe le plus productif et le besoin le plus impérieux de notre ordre social.

Aussi, à ce même point de vue, nous proposerons de faire droit à un vœu presque populaire, c'est-à-dire de diminuer la largeur des jantes des grandes voitures, de les réduire, par exemple, à $0^m.10$.

Réduction à $0^m.10$ de la plus grande largeur des bandes de ces voitures.

Il n'y a qu'une voix, à ce sujet, parmi toutes les personnes, même étrangères à l'industrie des messageries, mais cependant plus ou moins en état d'émettre un avis sur les conditions qui peuvent produire de la vitesse.

On sait du reste que les roues de $0^m.10$ (aux jantes et aux bandes près) ont précisément dans toutes leurs parties (rais et moyeux), comme solidité, les mêmes dimensions que les roues de $0^m.11$ et de $0^m.12$.

Nous signalerons, au surplus, à l'appui de cette proposition, le frottement latéral considérable auquel les larges jantes donnent lieu, par suite de ce que la voie de $1^m.65$ (mesure actuelle du dedans au dehors), imposée aux messageries, est plus large que toutes les voies du roulage.

Et il ne faut pas mettre en doute que la différence de quelques centimètres sur la largeur des jantes ne soit à cet égard d'une influence très-marquée.

Quand, en effet, on observe avec attention la manière dont s'usent les bandes des voitures des messageries, voici ce que l'on remarque :

1° La bande s'use, s'arrondit et s'affaiblit sur la rive extérieure des roues, et reste presque entière sur la rive intérieure du côté du brancard.

On trouve ainsi la preuve que dans les frayés et à plus forte raison dans les ornières, la roue de messagerie est obligée de venir élargir la voie du roulage; pour ce faire, elle attaque la rive extérieure de ces sillons plus ou moins dessinés tant dans les chaussées vieilles, ou rechargées, que surtout dans les chaussées neuves.

Ce frottement à l'extérieur est d'ailleurs augmenté encore par l'inflexion de l'extrémité de l'essieu, inflexion qu'on appelle carrossage, qui est de $0^m.02$ sur $0^m.22$ de longueur de fusée (9 lignes sur 8 pouces), et qui donne au plan de la roue une inclinaison ainsi d'un dixième environ par rapport à la verticale.

La différence de l'usé sur les deux rives de la bande est tellement considérable, qu'il nécessite presque toujours la dépose de la bande, et la repose de ce fer en sens inverse ;

2° La bande s'use donc et s'affaiblit ainsi sur ses deux rives ; cette circonstance et aussi la pression continue , souvent avec choc , de la rive extérieure viennent produire une seconde altération dans la bande.

La bande se trouve en effet bientôt forgée et pliée sur sa largeur , les fibres du bois cèdent et se compriment sur le bord extérieur de la jante , et la bande présente intérieurement un arc de plusieurs millimètres de flèche.

Mais il faut noter que ce pliage transversal du fer est surtout très-marqué dans la jante de $0^m.12$, qu'il est bien moindre dans la jante de $0^m.10$, qu'il n'existe plus dans la jante de $0^m.08$.

Nous concluons de ces observations que dans les messageries , sous la condition du trot et d'une largeur de voie moindre que le roulage , les frottements latéraux sont considérables.

Et comme ces frottements latéraux sont à notre avis très-préjudiciables aux routes, qu'ils viennent en effet agir contre les parois des frayés et des ornières à la manière des dragues auxquelles on fait parcourir successivement des sillons longitudinaux ,

Nous pensons que dans cette espèce particulière les routes réclament peut-être aussi par exception la réduction de la largeur des jantes des grandes voitures.

Toujours est-il que dans l'intérêt des routes nous restons convaincus que cette permission peut être donnée sans inconvénient.

Et nous sommes peruadés d'un autre côté que cette concession paraîtra d'un prix infini et à l'industrie et au public qui la réclament si vivement , nous pourrions ajouter aux yeux de l'étranger aussi, qui nous trouve si arriérés avec nos roues de messageries de $0^m.12$ et même de $0^m.11$ (52).

(52) On peut évaluer ainsi qu'il suit le poids des parties élémentaires des roues de messageries :

DÉTAIL des parties élémentaires d'une roue.	Jante de $0^m.10$ (ou de $0^m.095$).				OBSERVATIONS.
	Grandes roues. Diamèt. = $1^m.36$.		Petites roues. Diamèt. = $0^m.86$.		
	Bois.	Fer.	Bois.	Fer.	
	k.	k.	k.	k.	
Boîte.	»	7.28	»	7.28	
Moyeu.	8.70	»	7.60	»	
Frette et cordon.	»	2.29	»	2.12	
Rais. { 14 rais à $1^k.11$.	15.54	»	»	»	
{ 12 rais à 0 .66.	»	»	7.92	»	
Jantes. { 7 morceaux à $2^k.85$. .	19.95	»	»	»	
{ 6 — à $1^k.70$. .	»	»	11.90	»	
Bande de $0^m.027$ d'épaisseur. . .	»	61.50	»	46	
Clous à vis.	»	1.44	»	0.63	
Totaux partiels.	44.19	72.51	27.42	56.03	
Totaux généraux.	$116^k.70$		$83^k.45$		

Au surplus, si la considération du frottement latéral nous paraît surtout capitale, il est aussi à remarquer que l'on diminuera un peu la pesanteur des roues et par conséquent le poids mort à transporter; néanmoins cette diminution de poids est moindre qu'on ne se le figurerait à la simple inspection des roues si massives de $0^m.12$.

	GRANDE ROUE. Diamètre = $1^m.36$.	PETITE ROUE. Diamètre = $0^m.36$.	SABOT.
Jantes de 0.12 (réduites à $0^m.115$ par la tolérance).	136 k.	95 k.	$19^k.50$
— de $0^m.11$ —— à $0^m.105$.	125	89	17 .40
— de $0^m.10$ —— à $0^m.095$.	117	83	16 .50
— de $0^m.09$ —— à $0^m.085$.	105	77	15 .25
— de $0^m.08$ —— à $0^m.075$.	93	71	14 .70
— de $0^m.07$ —— à $0^m.065$.	81	55	»

Ainsi la diminution sur les deux roues de derrière de $0^m.11$ à $0^m.10$ serait de 16^k et de $0^m.12$ à $0^m.10 = 38^k$
et sur les deux roues de devant de. 12 24

Diminution sur les quatre roues *pour un centimètre*. . . . = 28^k et pour $0^m.02$ = 62

Ainsi, avec le moindre poids du sabot, les messageries gagneront :

Par voiture à quatre roues en été. . . . . . . 28^k.
— — — en hiver. . . . . 62^k.

Il nous paraît du reste tout à fait naturel d'appliquer aux messageries à quatre roues *la colonne* du tarif du roulage suspendu *qui accorde à la jante de* $0^m.10$ *le poids le plus rapproché de* 4400 kilogrammes, et c'est précisément la colonne des diamètres moyens. Tarif proposé pour les messageries à deux et à quatre roues.

Le tarif pour les messageries se résumerait dès lors (avec une double tolérance, et de 200 k. poids fixe, et d'un demi-centimètre sur la largeur des bandes) par les chiffres qui suivent :

DÉSIGNATION DES JANTES (sans distinction de diamètres).	MESSAGERIES à 2 roues.	MESSAGERIES à 4 roues.
	k.	k.
Jantes de $0^m.06$.	1650	2700
—— 0. 07.	1925	3150
—— 0. 08.	2200	3600
—— 0. 09.	2475	4050
—— 0. 10.	2750	4500

CHAPITRE X.

ROULAGE, PRIX DE REVIENT DE LA FORCE TRACTIVE.

Pour comprendre une industrie, et pour répondre surtout à ses besoins, il faut en interroger la partie éclairée et progressive, afin que, guidé On a interrogé la partie la plus avancée, la plus éclairée du roulage.

à la fois par l'expérience et par des données intelligentes , on puisse concourir à faciliter, et à ouvrir même quelquefois des voies nouvelles d'amélioration.

Dans cette pensée, pour étudier le roulage , c'est à la portion de cette industrie, la plus régulière , la plus perfectionnée , que nous avons demandé des lumières.

Le roulage a subi en France, depuis quelques années, une transformation on peut dire totale.

Ancien roulage. Tous les jours on voit diminuer le nombre de ces anciens *rouliers*, propriétaires de leur équipage, dont la marche était essentiellement nomade ; qui n'appartenaient à aucune route ; qui, avec les mêmes chevaux ou mulets, passaient de la Provence en Alsace et réciproquement ; qui suivaient tel ou tel parcours de route qu'il leur plaisait de choisir ; qui dès lors ne s'embarrassaient que médiocrement des difficultés et conditions inhérentes à une route plutôt qu'à une autre, parce qu'ils n'en subissaient les imperfections que de loin en loin ; qui, pour ces voyages à longs intervalles, ne craignaient pas de forcer leurs chevaux sur une rampe, ou de perdre quelques heures pour trouver de l'aide auprès d'un autre voiturier, à charge de revanche ; qui, indépendamment du coucher quotidien , se reposaient ou s'arrêtaient quand ils voulaient et où ils voulaient ; enfin , qui arrivaient quand ils pouvaient sans prendre jamais d'engagement à jour fixe avec le commerce.

Roulage nouveau dit accéléré. Cette espèce de roulage décroît dans une proportion rapide , et, au contraire, se développe journellement comme mode ordinaire , habituel, général , *le roulage régulier* à départ quotidien , à marche continue, nuit et jour, et par relais, service qui, par suite de ces perfectionnements , a pris le nom de *roulage accéléré.*

Le *commissionnaire de roulage* a disparu et a fait place à l'*entrepreneur de transports ;* le *voiturier* est sur le point de disparaître également, et déjà se trouve, en très-grande partie au moins, remplacé par le *relayeur.*

L'entrepreneur de transports est propriétaire des voitures et de ce qui constitue les accessoires, tant du chargement que du bâchage des marchandises , telles que les toiles, les cordes, la paille, etc. ; c'est aussi chez l'entrepreneur de transports, et actuellement toujours sous des hangars couverts , que s'opère le chargement.

Le louage des chevaux et *des garçons-relayeurs* ou charretiers, constitue un marché entre l'entrepreneur de transports et *le maître-relayeur.*

Chaque relais de roulage accéléré se compose d'une distance de 28 à 34 kilom. (de 7 lieues à 8 lieues 1/2) ; dans ces limites, le prix ne change guère , parce que le relayeur et ses chevaux sont utilement employés pour faire le *relais et son retour* dans deux journées consécutives (48 heures).

Cependant passé 32 kilomètres (8 lieues), le relayeur se plaint, et passé 34 kilomètres, il fait entrer dans le calcul du prix moyen par jour ou par mois le nombre de *chevaux de repos* nécessaires pour couvrir la coupe défavorable qui résulte de cette distance, trop grande pour un travail régulier et quotidien.

Le relayeur s'oblige à arriver à heure fixe, et on en comprend en effet la nécessité, puisque d'une part les relais s'attendraient les uns les autres, et que d'une autre part, à chaque relais, les mêmes chevaux trouvent une voiture pareille (charrette ou chariot) en voie de retour, à ramener.

L'entrepreneur de transport dispose de son côté ses expéditions, allée et retour, de manière à utiliser le double parcours de chaque relai.

Voici un exemple de ce service entre Paris et Tours.

Division de la route en relais.

INDICATION des lieux de relais.	Nombre des relais.	Distance.	Nombre des chevaux.	Prix d'abonnement avec les relayeurs.	OBSERVATIONS.
		kil.		fr.	
De Paris à Monnerville. .	2	65	8	60	Il existe sur ce relais plusieurs côtes rapides.
De Monnerville à Orléans.	2	53	8	40	Prix moyen par cheval. . . . . . 5 00 fr.
D'Orléans à Blois.	2	57	8	45	*Id.* 5 60
De Blois au Haut-Chantier.	1	28	4	25	*Id.* 6 25
Du Haut-Chantier à Tours.	1	30	4	22	*Id.* 5.60
Totaux.	8	233	32	192	

On calcule pour le chargement sur environ 1500 à 1600 kilog. par cheval.

Les marchés sont basés sur le poids de bascule.

Une chose assez remarquable, c'est qu'il n'existe peut-être pas un seul de ces marchés, sur plusieurs milliers aujourd'hui en cours d'exécution, qui ne stipule, pour mesure respective entre les contractants, *le poids de bascule,* c'est-à-dire, le poids accusé par les ponts à bascule établis sur les diverses routes.

Et attendu qu'il y a un intérêt opposé entre les deux parties, puisque le prix est fixé au voyage quel que soit le chargement, il arrive que les relayeurs ou leurs voituriers, bien loin d'être disposés à éviter la vérification aux ponts à bascule, regardent au contraire ce mode de limitation comme leur sauve-garde contre les poids excessifs et abusifs qui seraient transportés ainsi par eux gratuitement au mépris des conventions et de la trop grande fatigue de leurs chevaux.

De telle sorte que les ponts à bascule deviennent un véritable pesage public, pour trancher les différents entre l'entrepreneur de roulage et les relayeurs.

Le prix moyen des chevaux par relais, et sauf le cas des côtes où il faut des renforts, est donc à peu près de 4 fr., le conducteur en dehors.

Ainsi, y compris le conducteur estimé environ 3ᶠ., les deux premiers chevaux sont payés.   11ᶠ.
Et 3 chevaux ne sont cependant payés que..   15

Ces prix varient encore suivant la force des chevaux. On compte comme chevaux de première force les chevaux, et des charrettes à un cheval dites *carrioles*, et des chariots comtois également à un cheval.

Les chevaux limoniers des charrettes viennent ensuite.

Et enfin arrivent dans l'échelle des forces tractives relatives les petits chevaux dont on compose l'attelage des chariots.

Tableaux A et B des prix de revient de la force tractive. C'est d'après ces éléments, et en appliquant à chaque voiture, dans les diverses combinaisons de ces différents véhicules, les prix que payent aujourd'hui aux maîtres relayeurs les entrepreneurs de roulage, qu'on a dressé les deux tableaux A et B des prix moyens de revient *de 100 kilog. par relais de 30 kilomètres*, sur une bonne route comme la route de Paris à Tours (53). Voir *ces tableaux* à la fin du mémoire.

1° Pour charrettes et carrioles.
2° Pour chariots et comtois. Le tableau A s'applique *aux voitures à deux roues, charrettes et carrioles*.

Le tableau B s'applique *aux voitures à quatre roues, chariots et comtois*.

Chacun de ces tableaux présente les résultats comparatifs et des prix de revient qu'impose la réglementation nouvelle, et du prix de revient que permet d'espérer le nouveau tarif.

Avant de tirer de ces tableaux les conséquences importantes, qu'il est impossible de n'y pas voir, nous croyons nécessaire de démontrer que le résultat comparatif des chiffres qui en sont le résumé, n'est pas exclusif à la route choisie pour exemple, et que les mêmes relations se retrouveront sur toute autre route sans exception.

Les rapports établis par ces tableaux sont applicables à toutes les routes de France. Et à cet égard, nous voulons justifier les rapports (54) exprimés aux tableaux en question par le rapprochement de faits pratiques qui, sur un assez grand nombre de routes de France, sont la conséquence de la réglementation actuelle.

Ainsi, dans l'exemple, si on range, suivant l'ordre de priorité de leurs avantages respectifs, les divers services qui y sont indiqués :

---

(53) On a vu, en effet, que la distance de Paris à Tours était de 233 kilomètres, et qu'elle était partagée en 8 relais, ce qui donne par relais. 29ᵏ. 185
(54) Il est inutile de dire qu'une seule catégorie de voiture (ici la carriole) dessert la route de Paris à Tours, et que toutes les autres combinaisons ne sont calculées que par voie d'appréciation.

Nota. Eu égard à la tolérance *d'un centimètre*, la jante de 0ᵐ.17 figure aux tableaux A et B sous le chiffre 0ᵐ.16, et ainsi de suite pour les autres largeurs de bandes.

			PRIX de revient. fr.
Voitures à 4 roues.	Avant tout la carriole. . .	2 carrioles.	0.37
		Services mixtes avec charrette de 0ᵐ.10.	0.37
		———— de 0ᵐ.17. .	0.38
	Vient ensuite la charrette de 0m.17 (55).		0.40
	Et les voitures les moins avantageuses sont. . . .	le 0ᵐ.14 seul.	0.47
		le 0ᵐ.11 seul (56). . .	0.44
Voitures à 4 roues.	D'abord le chariot comtois.	2 chariots comtois. . .	0.44
		Services mixtes avec chariot de 0ᵐ.14. .	0.41
		———— de 0ᵐ.17. .	0.42
	Vient ensuite le chariot de 0ᵐ.14.		0.43
	Puis le chariot de 0m.17.		0.44
	Et le moins avantageux est le chariot de 0ᵐ.11. .		0.47

Or, voici ce qui se passe en réalité dans la pratique :

1° Carriole. Pour qu'un service de carriole réponde à tout ce que cette combinaison peut et doit produire d'économie, il faut d'abord que l'on puisse porter avec chaque cheval entre 1200 à 1500 kilog. de poids utile.

Ce qui se passe dans la pratique.

Or pour atteindre cette condition, il faut :

1° Que les chevaux du pays soient forts et de haute taille ;

2° Que la route soit ou sans fortes rampes, ou, si elle présente des côtes fortes, avec des côtes très-rares, attendu qu'il faut alors *doubler,* c'est-à-dire dételer une carriole et atteler ainsi deux chevaux successivement sur chaque carriole pour chaque passage difficile.

Et comme il en résulte une perte notable de temps, il serait impraticable de répéter souvent cette manœuvre.

3° Que les habitudes, les traditions du pays comportent ce genre d'attelage, qu'il s'y trouve des carrioleurs, c'est-à-dire des garçons relayeurs, habitués à conduire deux et trois carrioles.

Et nous devons insister sur cette dernière nécessité, car il est impossible de nier la presque omnipotence de ces usages locaux.

Ainsi sur Bordeaux l'usage de la carriole est tellement général, qu'un service de chariots a souffert deux ans avant que les relayeurs eussent pu former des garçons pour la conduite régulière de ces attelages ;

---

(55) Le 0ᵐ.17 deviendrait bien plus désavantageux encore que le 0ᵐ.14 et que le 0ᵐ.11, si l'on avait calculé sur les chiffres de la réglementation du 15 février 1837.

Le 0ᵐ.17 n'est en effet remonté dans l'échelle des combinaisons admissibles, que parce qu'on a calculé sur les chargements excessifs, encore tolérés, de 1806,

c'est-à-dire. . . | 4,800 en hiver | et 5,800 en été.
au lieu de. . . . | 4,200 — | et 4,900 —

(56) Le 0ᵐ.11 qui serait admissible sur la route de Tours *avec deux chevaux,* devient impraticable sur toute autre route parce qu'il faudrait *trois chevaux,* pour l'attelage de cette largeur de jantes, augmentation de dépense qui frappe ce véhicule d'une dernière et décisive défaveur.

Et cependant des enfants mènent habituellement et facilement sur la même route trois et quatre carrioles.

En Alsace, des enfants, au contraire, conduisent un attelage de 8 à 10 chevaux avec une rare habileté, et les habitants ne comprennent pas qu'un homme puisse diriger trois carrioles.

Sur la route de Lyon par le Bourbonnais, à aucun prix on ne relayera un chariot, ou une charrette de $0^m.17$; il n'y a pas un garçon relayeur capable de diriger une attelée en flèche de 6 chevaux. L'usage est de conduire une charrette de $0^m.11$, et une carriole à la suite; on a vu au surplus combien cet attelage est avantageux, puisque son prix de revient n'est que de ($0^f.37$).

Mais aussi lorsque les trois circonstances plus haut exprimées, sont réunies, l'expérience vient confirmer l'avantage annoncé pour la carriole par le tableau A, et en effet aucune des routes ci-après (au départ de Paris) ne sont montées autrement.

EXEMPLE (en chevaux du Perche et poitevins) :

Route de Bordeaux, par Orléans et Tours.	Route de Nantes.
— de Bordeaux à Chartres.	— de Troyes, sans rampes.
— du Mans.	— de Saint-Quentin (*).
	etc., etc.

2° CHARRETTES. Lorsqu'une route est pourvue de forts chevaux, mais que par suite de trop fréquentes côtes, elle n'est pas praticable à la carriole, le service le plus avantageux est la charrette de $0^m.17$, ou la combinaison mixte des jantes de $0^m.17$ en hiver, et de $0^m.14$ en été (57).

Il n'est pas une seule route qui, dans ces conditions, offre un service autrement organisé.

EXEMPLE (en chevaux du Perche et poitevins).

Route de Rouen.	Route d'Amiens.
— du Havre.	— d'Abbeville.
— de Caen.	— de Calais.
— de Mulhausen, par Béfort.	etc., etc.

Et quant à des charrettes de $0^m.11$ et de $0^m.14$, pendant les deux saisons d'été et d'hiver, on n'en voit généralement pas.

Et il est inutile de faire remarquer qu'on n'y voit pas davantage le $0^m.11$ avec une carriole à la suite, attendu que la carriole n'est pas praticable, sans quoi le service serait entièrement monté en carrioles.

(*) Ce dernier service se démonte de plus en plus par suite des procès-verbaux dressés pour chevaux de renfort entre deux côtes.

(57) Ces combinaisons mixtes sont au nombre *de deux* tant pour les charrettes que pour les chariots, savoir :
Une voiture de $0^m.11$ *l'été*, remplacée *l'hiver* par une voiture de $0m.14$.
Une voiture de $0^m.14$ *l'été*, remplacée *l'hiver* par une voiture de $0m.17$.
Le prix de revient de ces combinaisons a également été calculé aux deux tableaux A et B.
(Voir *le chapitre XII* du tarif unique).

— 95 —

3° **Charrettes et Carrioles.** Si au contraire les chevaux ne sont pas de première force , et si les côtes ne sont pas trop multipliées, on trouve adoptée de préférence la combinaison de la charrette de $0^m.11$, et une carriole faiblement chargée de 1000^k à 1100^k à la suite.

C'est ainsi que se trouvent desservies :

La route de Lyon par le Bourbonnais.   La route de Bordeaux depuis Poitiers.
—   de Limoges.   etc. , etc.

Et cependant ce service a presque pour condition que les chevaux de la première voiture viennent à l'aide du cheval de la seconde, au moyen du crochetage sur la voiture de tête, crochetage, comme on le sait, tout à fait interdit par la réglementation actuelle.

4° **Chariots.** Maintenant , dans les pays où la roideur des côtes rend impossible ou dangereuse la voiture à deux roues , voici ce qui se passe :

Si les chevaux sont de forte taille , le véhicule choisi de préférence est *le chariot comtois.*

Et on a vu que son prix de revient pour trois chariots , descend à $0^f.40$.

Les services de Nancy à Mulhausen , et de Mulhausen à Lyon , etc., etc., sont en effet exclusivement en petits comtois.

Si , au contraire , dans les mêmes conditions de routes , les chevaux sont trop faibles pour conduire des comtois , on monte des chariots.

Et alors on ne rencontrera que des jantes de $0^m.17$ et de $0^m.14$, lesquelles (ainsi que l'indique le tableau) n'exigent qu'un prix de revient de $0^f.43$.

Et on ne trouvera , pour ainsi dire , *pas un seul chariot* de $0^m.11$, parce que précisément ce serait élever le prix de revient à $0^f.47$.

Ainsi sur la route pavée de Paris à Lille , on a tenté l'emploi régulier du $0^m.11$; on espérait l'utiliser en le chargeant seulement de 2500^k, poids utile , et en le conduisant avec deux chevaux , ce qui , en effet , rendait cette voiture assez avantageuse ; mais , après quelques mois de marche, ce service n'a pas pu subsister , et il a fallu revenir au poids de bascule et au nombre de 4 chevaux , ce qui rentre dans les conditions onéreuses calculées *au tableau* B.

Résumons ce qui précède :

Partout où la carriole est possible , elle est préférée.

Partout où la carriole n'est pas possible , et où la charrette peut être employée, on voit le $0^m.17$, quelque peu de $0^m.14$, et en quelque sorte jamais le $0^m.11$.

Partout où la voiture à deux roues est empêchée par défaut de limonier, ou par suite de la roideur des rampes , le chariot devient obligatoire ; savoir :

Le comtois s'il y a possibilité ,

Ou sinon le $0^m.17$, un peu le $0^m.14$,

Mais presque jamais le $0^m.11$.

Et ce sont précisément ces mêmes faits qu'annoncent les deux tableaux ci-contre , lorsqu'on lit dans la dernière colonne les conséquences qui doivent résulter de la réglementation actuelle.

On est donc amené par le rapprochement entre des faits aussi nombreux , aussi constants *pour toutes les routes* , et le tableau dressé pour la route de Paris à Tours , à conclure, ainsi qu'on pouvait le présumer *à priori* , que sur toutes les routes, lorsqu'il s'agira de comparer divers véhicules, les rapports seront analogues avec ceux calculés aux tableaux A et B.

Or ce sont ces mêmes tableaux qui , précisément, viennent d'une part justifier la pensée mère de la nouvelle réglementation , cette pensée qui consiste à favoriser la division des charges , et qui vient au surplus démontrer combien le commerce va désormais trouver d'avantages dans la liberté presque illimitée accordée aux petits chargements.

On était en effet jusqu'à présent assez généralement d'accord sur les avantages qui doivent résulter, pour la conservation des routes, de la disparition des chargements de masse.

Seulement, beaucoup de bons esprits craignaient qu'il n'en résultât une augmentation notable dans les frais de transport. On se répétait à ce sujet, que plus le chargement était considérable et plus favorable était le rapport de la charge utile au poids mort, que moindre aussi devenait la dépense des charrettes , etc.

Et voici que les calculs les plus certains viennent au contraire démontrer, qu'en choisissant avec intelligence certaines combinaisons , et avec cette facilité essentielle : *qu'un charretier puisse conduire à la fois deux voitures* , savoir : une voiture principale de tête, et une petite voiture à un cheval à la suite, carriole ou comtois, l'emploi des faibles charges aura pour heureuse conséquence d'abaisser, et dans une proportion notable , le prix de revient.

Que *pour la charrette* , par exemple :

Avec deux carrioles . . . . } on descendra le prix de revient
Avec une charrette de o^m.09 et une carriole . . . . } de o^f.40 à . . . . o^f.37
Avec une charrette de o^m.10 et une carriole . . . . } (de 8 pour 0/0).
Avec la charrette de o^m.11 seule . . . . }
Que même avec la charrette de o^m.11 et une carriole, on ne dépassera pas. . . . . o^m.36

Que *pour les chariots* des avantages bien autrement remarquables sont assurés , même dans la supposition, où il ne serait accordé aucune tolérance, pour cette catégorie de véhicule en dehors du tarif.

Que si l'on emploie un chariot de o^m.06 et un comtois , } on réduira le prix également
————————— le chariot de o^m. 09 et un comtois , } à. . . . . o f. 37
————————— le chariot de o^m.07 seul, ... } on abaissera le prix en-
————————— le chariot de o^m.08 seul, ... } core à. . . . . o f. 36

Que l'on peut même obtenir les diminutions de prix qui suivent :

Avec le chariot de o^m.07 et un comtois, le prix de revient serait réduit à . . . . o^f.34

Avec le chariot de o^m.08 et un comtois, ce prix serait en définitive abaissé de o^f.40 à o^f.33, c'est-à-dire de 21 pour o/o.

Remarquons en passant que toutes ces combinaisons si heureuses pour abaisser le prix du revient, par l'emploi rationnel des jantes étroites, se trouvaient précisément interdites par toutes les réglementations mises en mouvement jusqu'à ce jour ; *Les combinaisons les plus heureuses, les plus économiques, étaient interdites par l'ancienne réglementation.*

Que c'était seulement dans l'exemption illimitée accordée aux véhicules à un cheval, que dans certaines circonstances le commerce allait se réfugier pour chercher les seules combinaisons économiques.

Et encore nombre de circonstances étrangères à la conservation des routes, telles que rampes, chaussées neuves, rechargements d'empierrement, venaient, *avec la prohibition absolue de toute espèce de renfort, et du doublage, et du crochetage*, annihiler souvent cette concession, au surplus si insuffisante, et par cela même si abusive.

Tout, au contraire, dans le système proposé, sera sans danger, et cependant multipliera de nouvelles libertés commerciales.

Et en effet, par cela même que tout est réglementé d'après les jantes et les diamètres, sans exemption aucune, le nombre des chevaux reste illimité.

Or, cette seule condition est appelée à produire de précieux avantages.

Aujourd'hui, au droit d'une rampe, au droit d'une chaussée non frayée, il faut risquer de tuer un cheval, parce que tout renfort est défendu.

La loi n'a même pas admis de renfort au droit des rampes, et si généralement on supplée, par une tolérance tacite, à cet oubli de la loi, il arrive encore que des procès-verbaux viennent atteindre le roulage ou à quelques pas du sommet de la côte ou dans l'intervalle de quelques centaines de mètres qui sépare deux rampes consécutives.

Les pays de montagnes surtout, qui sont déjà assez malheureux pour constituer en fait un système pour ainsi dire continu de réglementation par leur profil ondulé et à fortes pentes, étaient doublement à plaindre, car pour eux les chevaux de renfort sont une condition obligée, vitale. *Les pays de montagnes étaient surtout atteints par la défense d'user de chevaux de renfort.*

On ne savait pas non plus comment traduire en force de cheval et les bœufs et les autres animaux de trait, et la loi se refusait ainsi à épouser les conditions cependant impérieuses de chaque localité, comme aussi à laisser chaque pays se mouvoir librement avec ses ressources, et se défendre au moins contre les entraves si onéreuses déjà d'un sol souvent si rebelle au tracé de routes véritablement commerciales.

Et désormais, au contraire, la réglementation sera circonscrite seulement et exclusivement dans le chiffre du poids de la voiture et de son chargement ; les attelages soit avec des jantes larges, soit avec des jantes étroites, seront *Désormais, au contraire, l'attelage sera libre, et on pourra partout tirer le plus grand parti d'une force tractive donnée.*

tout à fait libres ; on pourra ainsi utiliser toute la force disponible , et notamment la force si précieuse qui se trouvait perdue par l'isolement obligé , par exemple , entre la carriole , cette voiture si utile , et la voiture de tête du même convoi.

Et cependant à cette condition d'autant plus innocente qu'elle est presque toujours exceptionnelle , à cette circonstance en apparence si insignifiante , était souvent attachée la possibilité ou l'impossibilité d'employer des chevaux faibles , comme aussi l'admission ou la condamnation de la combinaison si économique du convoi de deux voitures avec une carriole à la suite.

Enfin, ces deux modifications, la suppression de toute exemption de pesage d'une part , et la liberté illimitée des attelages de l'autre part , simplifieront d'une manière toute particulière l'exercice , l'application de la nouvelle réglementation.

Au fond , comme dans la forme , au point de vue administratif comme au point de vue commercial , la nouvelle réglementation présente donc les plus heureux, les plus importants perfectionnements.

CHAPITRE XI.

VOITURES NON SUSPENDUES AU TROT.

Le transport au trot sans suspension a été une malheureuse innovation, introduite au projet de loi de 1838.

Cette nouvelle catégorie a été pour la première fois introduite dans le projet de loi de 1838. Mais le rapport de la commission de la Chambre des Députés ne dit point s'il est exigé qu'il y ait une suspension quelconque, bien que moins parfaite que celle assurée par des ressorts métalliques.

Le même rapport désigne seulement comme appartenant à cette catégorie les voitures dites *marayeurs* , qui sont employées au transport accéléré du poisson de mer : or, ces voitures ne sont point suspendues (58), ce qui fait supposer que cette catégorie ouvre à toute voiture non suspendue le droit de marcher au trot, pourvu qu'elle reste dans les limites du tarif arrêté spécialement pour cette marche accélérée.

Voici , du reste , les chiffres qu'admettait la commission ; ces chiffres sont moindres , comparativement , que les chargements accordés au roulage ordinaire et aux messageries :

(58) Des cordes placées en travers, et attachées aux deux brancards, forment seulement une sorte de suspension au profit de la marée à transporter.

JANTES.	ROULAGE AU PAS				ROULAGE AU TROT				DILIGENCES			
	à deux roues.		à quatre roues.		à deux roues.		à quatre roues.		à deux roues.		à quatre roues.	
	Hiver.	Été.	Hiver.	Été.	Hiver.	Été.	Hiver.	Été.	Hiver.	Été.	Hiver.	Été.
	k	k	k	k	k	k	k	k	k	k	k	k
0m.08	1900	2200	3200	3800	1500	1700	2600	2900	1800	2000	3100	3400
0 09	»	»	»	»	1700	2000	2900	3300	2000	2200	3400	3800
0 10	»	»	»	»	2000	2000	3300	3700	2200	2400	3700	4100
0 11	2700	3200	4400	5200	2200	2500	3700	4100	2400	2600	4000	4400
0 12	»	»	»	»	2500	2700	4100	4500	2600	2800	4300	4700
0 14	3500	4100	6700	5600	2800	3200	4600	5300	»	»	»	»
0 17	4200	4900	6800	8100	3400	3900	5600	6500	»	»	»	»
et par zone de 0m.01..	119à125	137à144	100	118-119	93 à 100	106à114	81 à 82	90 à 95	112à108	125à116	97 à 89	106 à 97
La proposition du gouvernement avait été, pour cette nouvelle catégorie, de............					90	100	75 à 90	87 à 100				

Ainsi, pour les voitures à deux roues *en été*, les rapports étaient ceux-ci : Bases du tarif qui a été proposé.

Roulage au pas.	Roulage au trot.	Diligence.
140k	110k	120k

Mais sur quelles bases avait-on pu établir ces rapports? et avant tout, quelles expériences avaient pu justifier l'admission légale, même avec un tarif réduit, d'un roulage *au trot*, sans suspension ? Cette innovation n'était pas motivée, n'étaitpas nécessaire.

Enfin quelle nouvelle nécessité était donc venue se révéler pour motiver cette innovation?

Or, voici, en opposition avec la proposition de 1838, les réflexions que nous croyons devoir présenter :

Il est d'abord à remarquer que cette catégorie ne peut en rien concerner les voyageurs, bien qu'elle comprenne réellement toutes les suspensions autres que celles des ressorts métalliques, attendu que, par un article spécial (dans les dispositions exceptionnelles), on a toujours mis, par voie d'exception, en dehors de toute réglementation, les voitures destinées *au transport des personnes*, même toutes les fois que ces voitures sont étrangères à tout service public de messageries.

Nous reconnaissons, à la vérité, qu'il est certains objets de consommation, tels que le poisson, le lait, le fruit, susceptibles de s'altérer dans un très-court délai, par suite d'influences hygrométriques, thermométriques, électriques, et qui demandent un transport, une réglementation exceptionnelle.

Mais nous proposons de comprendre le transport de ces objets au nombre des exemptions pures et simples, avec permission d'être transportés au trot, avec ou sans suspension.

Remarquons, au surplus, que ces transports sont en voie d'amélioration et de progrès.

Déjà les cultivateurs intelligents (de Montreuil, par exemple, près Paris) se gardent bien de transporter leurs fruits autrement que dans des voitures suspendues sur soupente.

Déjà des services de poste, mais demi-suspendus, sont montés pour amener le lait à Paris, sans dommage, bien que dans un rayon très-étendu.

Le transport du poisson est de tous peut-être le plus arriéré en fait de perfectionnement (*Voir* note 58), et, sous ce rapport, nous ne pouvons partager que faiblement l'intérêt manifesté au nom des ports de mer, pour ces voitures dites *marayeurs*, par M. le rapporteur de la commission de la Chambre des Députés en 1838.

Cependant, s'il n'est pas possible d'avoir pour le moment des véhicules meilleurs, il faut évidemment tolérer les véhicules actuels; mais il n'en faut pas moins reconnaître que ce mode barbare de transport est à la fois très-dommageable aux routes et à la marchandise.

Deux exceptions satisferont à tous les besoins, l'une en faveur des personnes, l'autre en faveur du poisson, du fruit et du lait.

Il est à espérer, du reste, que le nouveau tarif, par les facilités mêmes qu'il accordera aux fourgons suspendus, hâtera, s'il ne réalise pas immédiatement encore, la disparition de ces transports non suspendus et au trot.

Dans tous les cas, et attendu que moyennant les réserves, par voie d'exception, exprimées:

1° En faveur des personnes, et à l'égard de toutes les voitures demi-suspendues et autres dont on fait souvent usage,

2° En faveur des objets de consommation susceptibles d'altération,

Il n'y a plus d'intérêt suffisant pour autoriser aucun autre transport au trot sans suspension;

Attendu que cette nouvelle catégorie de transports, si elle venait ainsi à être créée législativement ou administrativement, ne pourrait être que très-nuisible aux routes, nous devons ajouter et à la marchandise,

Nous proposons de n'en point faire mention dans le nouveau tarif, ou, plus nettement encore, d'interdire tout transport au trot qui ne remplirait pas une de ces deux conditions : ou d'être compris aux exceptions, ou de s'effectuer avec suspension sur ressorts métalliques.

Ainsi se trouvera rectifié ce qu'il y avait au moins de vague dans l'expression *allant en poste* (sans stipuler aucune suspension) du décret de 1806, art. 6, et de la décision du 16 mai 1816.

De même qu'on rapportera le paragraphe de l'art. 2 de l'ordonnance du 15 février 1837, ainsi libellé :

« Si la voiture n'est pas suspendue sur ressorts métalliques, la limite des

» poids autorisés restera telle qu'elle est fixée par le décret de 1806 et l'ordon-
» nance du 23 août 1834. »

Ce qui suppose applicable aux voitures non suspendues allant au trot les
tarifs de 1806 et de 1834 pour voitures suspendues, lesquels tarifs sont de
80 k. par zone de 0^m.01.

C'est d'ailleurs une idée tellement arriérée *de faire du roulage au trot avec
des voitures non suspendues*, lorsqu'au contraire il est plutôt question de
faire du roulage *avec suspension, même au pas*, il résulte de ce mode barbare
de transport de si grands dommages, à la fois, et aux routes et à la marchan-
dise, et même aux chevaux, qu'on ne peut trop expressément le prohiber. Mais il faut proscrire le principe du trot sans sus-pension.

De même que l'administration ne saura jamais assez favoriser toutes les
améliorations qui, comme la suspension, comme aussi les voitures à six roues
et à trains articulés, ou toute autre heureuse invention, viendront atténuer les
causes de destruction qui affectent à la fois et les routes, et l'industrie du
transport, et la marchandise en général.

CHAPITRE XII.

UN TARIF UNIQUE POUR TOUTE L'ANNÉE SANS DISTINCTION DE SAISON.

La pensée d'un tarif unique se trouve écrite dans plusieurs antécédents
importants. Trois motifs principaux pour adopter un tarif unique.

Sous le point de vue des routes, le tarif proposé a d'ailleurs été étudié
dans des circonstances toutes applicables à la mauvaise saison, et doit être
considéré comme tarif d'hiver.

Au point de vue de l'industrie, c'est *un poids constant été et hiver*, et
partant un seul tarif pour toute l'année, qu'il faut introduire dans une loi
intelligente sur la police du roulage.

Telles sont les considérations et propositions qui nous paraissent motiver
l'adoption d'un seul tarif sans distinction de saisons dans la nouvelle loi.

1° *Antécédants*. Les réglementations par le nombre des chevaux étaient
au moins dans le vrai sous ce double point de vue : Antécédants.

Que d'une part la force des chevaux était (hiver et été) entièrement utilisée ;
que la coupe du tarif était rationnelle par cheval ;

Et que d'une autre part le même nombre de chevaux ne pouvant porter
qu'un moindre poids l'hiver, il résultait de cette fixation par le nombre des
chevaux, de moindres poids, et partant une moindre fatigue pour les routes
pendant la mauvaise saison.

C'était donc *un double tarif* d'été et d'hiver, dont tous les échelons étaient au moins étagés par force de cheval pour une route hypothétique à la vérité, car ce système n'était admissible que sur une route à pente toujours la même, et dans des circonstances uniformes dans son parcours entier, pendant chacune des saisons d'hiver et d'été.

Mais c'était aussi *la limitation* de l'attelage, quelle que fût la force des chevaux, quelles que fussent les pentes de la route, quelque bonne ou mauvaise que fût la chaussée, quelle que fût la saison ; et sous tous ces rapports, comme aussi par suite des abus et fraudes qui devaient surgir de ces inconvénients mêmes, c'était une double calamité pour les routes, et surtout pour le commerce.

Le décret du 23 juin 1806 est venu substituer au principe des chevaux le principe du chargement, et pour diminuer la fatigue des routes pendant l'hiver, il a admis pour le roulage un double tableau de chargements, l'un applicable à l'été, et l'autre applicable à l'hiver ; nous verrons bientôt les graves inconvénients de ce double tarif.

Mais constatons que cette mesure n'avait pas atteint les messageries, et que le décret de 1806, comme toutes les ordonnances et décisions qui ont suivi jusqu'à l'ordonnance du 15 février 1837, avaient tous réduit à un seul et même chiffre, hiver comme été, la réglementation du poids des voitures publiques.

Et c'est dans cet esprit, et très-explicitement dans ce sens, qu'ont été rendus :

1° Le décret du 23 juin 1806 ;   3° L'ordonnance du 16 juillet 1828 ;
2° La décision du 16 mai 1806.   4° L'ordonnance du 23 avril 1834.

L'ordonnance du 15 février 1837 est donc le premier règlement qui ait assujetti les voitures publiques à la même condition imposée depuis 1806 au roulage.

Et encore une ordonnance supplémentaire du 24 octobre 1838 est-elle venue accorder à la réglementation d'hiver le même dernier chiffre 4400^k qu'à la réglementation d'été.

Nous nous expliquerons bientôt les avantages que présentait un seul tarif pour les messageries.

Nous apprécierons aussi l'importance *comme poids constant*, *été et hiver*, que ces entreprises ont dû attacher à la dernière concession de 1838.

Mais auparavant rappelons dans quelles circonstances ont été puisés les éléments du tarif que nous proposons aujourd'hui.

2° *Au point de vue des routes, le tarif proposé est un tarif d'hiver.* Il faut en effet apprécier dans quelles conditions ont été faites les expériences de 1839 et de 1841, sur lesquelles nous basons l'appréciation de l'unité de charge-

— 103 —

ment, fixée par nous, comme on l'a vu, à 125ᵏ par centimètre de largeur de jantes des roues de 1ᵐ.667 de diamètre.

On le répète, l'entretien de la route expérimentée a toujours été suspendu pendant la durée entière de chaque expérimentation (un mois quelquefois).

Les voitures ont constamment suivi les mêmes traces, à partir même du commencement de l'expérience, lorsqu'il n'y avait pas encore de frayé.

On a arrosé ces traces à chaque attelée des chevaux, et jusqu'à concurrence de 10 à 20 litres d'eau par mètre quarré et par jour (59).

On a poussé le nombre des passages jusqu'à *trois mille* ; le chiffre du tonnage n'a pas été moindre de 3,000,000 de kilogrammes, et s'est élevé jusqu'à 10,000 tonnes.

Et malgré des circonstances de dégradations aussi outrées, il faut le dire, on a vu que chaque fois qu'on était resté dans le chiffre de 125 kil. pour le diamètre de 1ᵐ.667, les diverses mesures de détérioration, et entre autres l'augmentation du chiffre de tirage, restaient dans des limites assez rassurantes.

On peut donc sans crainte, selon nous, même pour des routes en médiocre état, puisque les expériences ont toutes été terminées sur une route la plus mauvaise possible, adopter le chiffre 125 k. pour l'unité d'*hiver* de chargement (du plus petit diamètre bien entendu) (60).

Ajoutons que des hommes d'expérience, en matière de roulage, après avoir mûrement médité le tarif proposé, nous ont déclaré : Il est suffisant au roulage pour l'été.

Que les chiffres étaient suffisants pour mettre utilement aux mains du commerce, en été comme en hiver, les combinaisons les plus variées, surtout les plus économiques ;

Qu'il est tout à fait inutile d'ajouter un poids supérieur pour l'été (61).

3° Ces bases posées, *au point de vue de l'industrie, c'est un poids constant été comme hiver, et partant un seul tarif* pour toute l'année, qu'il faut introduire dans une loi intelligente sur la police du roulage. Il faut à cette industrie le droit de porter un poids constant été et hiver.

---

(59) On sait combien cette mesure d'arrosage est excessive : ainsi, par exemple, comme point de comparaison, on fixe à 1 litre ¼ par mètre quarré, pour un arrosage abondant, la dépense d'eau de chacun des trois services qui s'opèrent dans la belle saison de Paris sur les plus belles promenades dans les jours les plus chauds ; et le nombre de ces services d'arrosement s'élève à trois au plus dans la même journée.

(60) M. Morin allait bien plus loin, et proposait de porter la charge par zone de 0ᵐ.01 et pour le diamètre minimum de 1ᵐ.667 :

A 143ᵏ pour la jante de 0ᵐ.07, ce qui répondait pour la charrette à. 3000ᵏ
A 178ᵏ pour la jante de 0ᵐ.12,   *idem.* 3500ᵏ

(61) On en a trouvé la preuve au surplus dans les résultats accusés par les tableaux A et B de prix de revient du chapitre X.

Et d'abord, si ce principe semble nouveau parce qu'il n'a pas encore été énoncé explicitement dans une loi, il n'en est pas moins consacré *par le fait*, par un usage on peut dire universel dans le roulage entier de France.

Voici en effet ce qui se passe aujourd'hui :

Le fait a converti cette dis-position en un usage général et nécessaire.

Tous les marchés sans exception, et il en existe des milliers entre les maisons de roulage et les relayeurs, sont faits dans les termes qui suivent, et expriment soit pour charrettes, soit pour chariots, une des combinaisons ci-après :

Le Sr *** s'oblige à mener de Paris à .... pour le compte de la maison *** et *suivant le poids de la bascule,*

PREMIÈRE COMBINAISON.

une voiture de 0m.11 *pendant l'été*, et une voiture de 0m.14 *pendant l'hiver*,

DEUXIÈME COMBINAISON.

une voiture de 0m.14 *pendant l'été*, et une voiture de 0m.17 *pendant l'hiver*,

moyennant le prix moyen de. . . . . par mois, pour toute l'année.

Or, tels sont les poids qui correspondent à ces traités :

POIDS.	CHARRETTES.		CHARIOTS.		OBSERVATIONS.
	Été.	Hiver.	Été.	Hiver.	
	1re Combinaison.		1re Combinaison.		
Poids de bascule, y compris tolérance.	m. k. 0.11 = 3400	m. k. 0.14 = 3700	m. k. 0.11 = 5500	m. k. 0.14 = 5900	
Véhicule et agrès, à déduire.	950	1150	1700	2000	
Poids utile *constant* été et hiver. . . .	2450	2550	3800	3900	
	2e Combinaison.		2e Combinaison.		
Poids de bascule, y compris tolérance.	m. k. 0.14 = 4300	m. k. 0.17 = 4400	m. k. 0.14 = 7000	m. k. 0.17 = 7100	
Véhicule et agrès, à déduire.	1150	1400	2000	2500	
Poids utile *constant* été et hiver. . . .	3150	3000	5000	4600	

Ainsi il est certain :

Que c'est par poids *constant été et hiver* que se régit l'industrie des transports, et que sont constitués tous ses marchés ;

Que cette industrie se crée ainsi un tarif unique, tarif qu'elle compose de chiffres choisis dans le double tarif imposé d'été et d'hiver, de telle manière que groupés deux par deux, il en résulte *un poids constant* hiver et été ;

Qu'elle procède ainsi *par voie d'addition de force* (62) de chevaux dans

---

(62) **Deux systèmes ont dû être mis en balance :**

Ou bien marcher avec les mêmes jantes été et hiver, c'est-à-dire *avec poids inégal*, plus faible l'hiver et plus fort l'été. Et alors, pour les transports d'hiver, calculer sur un nombre plus grand de voitures (avec tarif d'hiver). Et néanmoins obliger toujours les relayeurs à mettre à toutes ces l'hiver, parce que dans cette saison, d'une part il y a nécessité en raison de la plus grande masse des marchandises à transporter, et parce que d'une autre part il y a économie, attendu qu'il se trouve en quelque sorte abondance de chevaux, et partant plus bas prix pour obtenir une force supplémentaire.

Et en effet, c'est précisément pendant l'hiver que le service du roulage prend le plus grand développement pour les expéditions dans les ports de mer, tandis que tous les services éprouvent, au contraire, de notables réductions dans l'été, de sorte que c'est, commercialement parlant, en été, que se trouve la moindre utilité d'avoir droit à de forts chargements;

De même que les relayeurs savent, au contraire, par expérience, que pendant l'été il ne peut y avoir qu'accidentellement le poids complet formant le poids de bascule qui fait la base de leur engagement (63), et que dès lors ils n'auront qu'un nombre minimum de chevaux à affecter aux mouvements de cette saison, circonstance qui vient précisément s'harmoniser avec la nécessité de faire face alors à d'autres services d'été, tels que celui des voitures de poste, tels que les transports de matériaux pour les grands travaux, tels que la rentrée des récoltes et autres charrois d'agriculture.

Et de cette combinaison résultent, et la condition la meilleure comme moindre nombre de voitures à mettre sur route pour la maison de roulage (64), et aussi les soumissions les plus avantageuses comme prix de relayage.

Un deuxième fait presque aussi important que le premier veut aussi être reproduit et enregistré dans ce chapitre.

On a vu que les grandes messageries procèdent précisément comme le roulage accéléré, par poids constant *été comme hiver*, et que sur cette base aussi, depuis 1838, sont basés tous les marchés pour relais de ces entreprises.

On se rappelle encore que le même poids de 4400 kilogrammes est accordé à ces voitures pour l'été avec jantes de 0^m.11, et pour l'hiver, avec jantes de 0^m.14. Et il est inutile de répéter que les mêmes considérations sus-énoncées pour le roulage accéléré, viennent justifier cette combinaison.

---

voitures pendant la belle saison (pour satisfaire au tarif d'été), un attelage inutile, excédant les besoins.

Ou bien marcher avec *poids constant été et hiver*, mais avec jantes plus étroites l'été et avec jantes plus larges l'hiver. Et alors avoir moins de voitures, puisqu'on calcule le transport total de l'hiver d'après le poids d'été. Et obliger seulement les relayeurs à mettre plus de chevaux l'hiver pour transporter ce même poids d'été avec un même nombre de voitures, sur des jantes plus larges.

On voit que la préférence a été donnée au système *du poids constant*, et que le fait a aujourd'hui tranché la question.

(63) Le prix payé au relayeur suppose le chargement de la voiture toujours complet, c'est-à-dire conforme au tarif de la réglementation. Il y a perte pour l'entrepreneur du roulage chaque fois que ce poids n'est pas atteint.

(64) Aucune maison de roulage ne peut songer à mettre sur route un plus grand nombre de voitures l'hiver, pour rentrer ensuite une partie desdites voitures en magasin pendant sept mois d'été.

Ainsi, les deux plus grandes industries de transports de France, celles qui seules sont astreintes, par leur organisation même, à un service régulier, à des départs toujours les mêmes, à des arrivées en nombre et à jour fixes, sont en réalité sous le régime *du poids constant été et hiver*.

Il est impossible d'employer utilement sur les mêmes jantes un double tarif d'été et d'hiver.

Il faut d'ailleurs signaler ici une des raisons décisives pour qu'il soit impossible soit au roulage accéléré, soit au roulage ordinaire, de répondre à la pensée du double tarif qui suppose, *avec la même jante*, le même nombre de chevaux *utilement employés* été et hiver.

Ce serait, en effet, une grave erreur d'attribuer à ces échelonnements d'hiver et d'été le mérite, ou même la possibilité de satisfaire à cette condition.

L'évidence est là puisque les faits ont prononcé; mais quand on y réfléchit, on reconnaît qu'il ne pouvait pas en être autrement.

Ainsi: La charrette de $0^m.11$ exige 2 chevaux l'été et 3 chevaux l'hiver;
La charrette de $0^m.14$ exige 3 chevaux l'été et 4 chevaux l'hiver;
La charrette de $0^m.17$ exige 4 chevaux l'été et 5 chevaux l'hiver.

La coupe d'hiver est fausse, et au surplus, il est impossible d'inventer des chiffres qui satisfassent à une coupe rationnelle, tant il pèse d'éventualités sur les conditions d'hiver; sur la situation si éminemment variable surtout des routes à parcourir.

Telles sont en effet les différences de poids admises par le tarif.

	Hiver.	Été.	Différence.
Charrette de $0^m.11$	2700	3200	500
de $0^m.14$	3500	4100	600
de $0^m.17$	4200	4900	700

Or, il est reconnu qu'avec ces seules différences, il est impossible de transporter le poids d'hiver (bien que ce poids soit moindre que le chargement d'été) sans un plus grand nombre de chevaux.

Le roulage ordinaire, comme le roulage accéléré, ne peut donc pas user de cette combinaison, laquelle suppose à tort ne devoir exiger que le même nombre de chevaux l'été et l'hiver.

Et comme le nombre de chevaux à employer ne peut être réellement apprécié d'une manière certaine que dans les circonstances d'été; comme la force nécessaire, l'hiver, est, au contraire, singulièrement variable; on comprend de nouveau la nécessité, pour tout ce qui est roulage et messageries, d'adopter une seule et unique combinaison basée sur les tarifs d'été, avec cette condition inévitable de laisser au transport d'hiver toutes ses éventualités, heureusement compensées, du reste, par le plus grand nombre et le moindre prix des chevaux dans cette saison.

La pensée des deux tarifs, laquelle suppose que *les mêmes roues* chargeront plus ou moins, suivant les deux saisons, a donc été démentie en ce que concerne tous les grands services réguliers de France, au trot comme au pas.

Bien plus, il a fallu que l'industrie vînt payer cette erreur par la dépense d'un second matériel de roues.

Et heureusement encore que, moyennant ce sacrifice, elle a pu en se mettant pour les mêmes transports, à cheval en quelque sorte, sur deux classes de jantes, obtenir ainsi par cette double dépense la condition du *poids constant*.

Mais faire varier les poids, hiver et été, sur des jantes de même largeur, l'industrie s'y refuse, et elle préfère, et elle demande même instamment que, quel que soit le tarif d'hiver que l'on adopte, ce soit ce même tarif qui soit imposé pour l'été.

Quant à tout le reste du roulage, et en ce qui concerne, par exemple, le voiturier isolé, qui en effet peut vouloir porter sur la même jante plus ou moins de poids, été ou hiver, avec le même attelage, il est tout à fait indifférent dans la question.

Il ne prend en effet que le poids qui lui convient ; il en modère l'importance suivant les saisons, suivant ses ressources en attelage, enfin suivant son bon plaisir.

C'est lui qui réglera à volonté son tarif d'hiver, en adoptant pour tarif maximum d'été, le tarif unique de la réglementation.

Il n'y aura donc préjudice pour personne, et il y aura affranchissement *d'une charge considérable*, comme on va le voir, au profit de toute l'immense portion du roulage et des messageries, qui comprendront la nécessité de baser leurs calculs sur le tarif d'été et avec la condition du *poids constant*, été et hiver.

Nous voulons en effet terminer ce chapitre par quelques chiffres destinés à donner la mesure de l'importance de la charge, dont nous demandons la suppression.

Nous ne porterons pas en ligne de compte, et les constructions ou locations de magasins qu'exige un double matériel de roues.

Nous ne mentionnerons même pas les frais, très-coûteux cependant, qu'exigent à chaque saison le mouvement et la mise en place ou le report en magasin de cet immense mobilier de rechange de roues,

Nous rappellerons seulement, que dans le rapport de 1828, M. Brisson estimait la valeur des voitures, employées alors au roulage en France, à 33,600,000 fr., qu'il supposait que les roues entraient *pour moitié* dans cette valeur, c'est-à-dire pour près de 17 *millions*.

Qu'il était encore établi au même rapport, que les roues duraient généralement dix-huit mois, et qu'après ce service les roues n'avaient que *le sixième* de leur valeur primitive.

Ainsi en 1828, le nécessité pour l'industrie du roulage de subir un double matériel de roues, aurait été exprimée.

Par une dépense au capital d'environ. 9,000,000 fr.

Et par un renouvellement tous les trois ans d'une valeur égale aux 5/6 de ce matériel, c'est-à-dire à une *dépense annuelle*, des 5/18, répondant ici à. . . . . . 2,500,000 fr.

Et on sait les développements qu'a reçus l'industrie des transports depuis 1828, depuis 14 ans, c'est-à-dire qu'il faut augmenter encore, et dans une proportion considérable, les chiffres ci-dessus pour exprimer les charges qu'un double tarif impose, et qu'un double tarif continuerait certainement d'imposer au roulage, et surtout au roulage le plus régulier, le plus digne d'intérêt.

Il faut enfin se rendre compte d'ailleurs du chiffre et de la valeur du poids utile que cette substitution obligée de roues fait perdre à l'industrie des transports.

Une remarque à ce sujet nous avait d'abord frappés ; c'était la rigueur avec laquelle s'exécutaient les marchés entre les maisons de roulage et les charrons pour confection de roues, suivant des poids fixes convenus et écrits (65).

Mais nous avons bientôt compris l'intelligence, la nécessité de ces sortes de pénalités, lorsque nous sommes venus à calculer les conséquences, pour le roulage, de la substitution de roues plus lourdes pour une même charge donnée, véhicule comprise.

Voici en effet le poids des voitures en usage et le calcul des pertes de poids utile que subit l'industrie, par suite de la nécessité où elle est d'employer des roues plus épaisses en hiver.

---

(65) Il est certain que pour plusieurs grandes maisons, lorsqu'une roue neuve présente un poids supérieur aux termes des conventions, le charron est débité par la maison de roulage du poids excédant, au taux des prix courants de roulage, et pour le premier parcours entier de la voiture et son premier retour.

Alors la roue retourne chez le charron, parce que le charron qui confectionne les roues, entretient aussi au mois ou à l'année, suivant un prix convenu à forfait, toutes les roues de la même maison de roulage.

Ordinairement la roue se trouve alors assez diminuée de fer pour être ramenée au poids qui lui avait été assigné par la commande, mais lorsque la diminution n'est pas complète, et si le charron n'allége point les bois, il est débité à nouveau par la maison de roulage, et pour le voyage suivant, de tout ce qui reste de trop fort poids.

Poids des voitures en usage pour le roulage, avec le calcul des pertes de poids utile, résultant de la substitution des roues de 0m.14 aux roues de 0m.11, et des roues de 0m.17 aux roues de 0m.14.

	CHARRETTES ; Diamètre = 1m.82								CHARIOTS.											
	7 JANTES et 14 RAIS.								GRANDES ROUES. — 7 JANTES. — 14 RAIS.						PETITES ROUES. — DIAMÈTRE = 1m.00.					
									Diam. = 1m.57		Diamètre = 1m.66				5 Jantes. — 10 Rais.				7 Jantes, 14 Rais.	
	Jantes = 0m.08		Jantes = 0m.11		Jantes = 0m.14		Jantes = 0m.17		Jantes = 0m.11		Jantes = 0m.14		Jantes = 0m.17		Jantes = 0m.11		Jantes = 0m.14		Jantes = 0m.17	
	bois.	fer.	bois.	fer.	bois.	fer.	bois.	fer.	bois.	fer.	bois.	fer.	bois.	fer.	bois.	fer.	bois.	fer.	bois.	fer.
Boîte en fonte		13.50		17		18.25		22		9.25		10.50		10.50		8		8.50		9
Moyeu	20		22		23		24		15		16.25		20.25		15		15.75		16	
Cordon et frette		2.25		3		3.75		4.50		2.75		2.75		3		2		2		2.50
Raies	24.50		28		35		42		19		21.5		23		7		7.50		8	
Jantes	26.25		36.75		52.50		94.50		22		24.50		29.75		12		13.75		16	
Bandes		102		108.25		127.50		133		102		120		143.50		76		85		93.50
	70.75	117.75	86.75	128.25	110.50	149.50	160.50	159.50	56	114	61.75	133.25	73.00	157.00	34	86	137.00	95.50	40	105.00
	188k.50		215k		260k		320k		170k		195k		230k		120k		132k.50		145k	
Poids des essieux	68		78		103		120		75		75		800		70		70		75	
Voiture vide	700 (*)		800		900		1000		1450		1700		2000 (*)		»		»		»	

Conclusions.

Charrettes. Lorsqu'on substitue des roues de 0m.14 à des roues de 0m.11, on diminue le poids utile de. . . 90 k.
——————— des roues de 0 .17 à des roues de 0 .14, ——————— de. . . 120

Chariots. Lorsqu'on substitue des roues de 0 .14 à des roues de 0 .11, on diminue le poids utile de. . . 75
——————— des roues de 0 .17 à des roues de 0 .14, ——————— de. . . 95

} Réduite par voiture = 100 k.

(*) Le poids du chariot de 0m.17 a été réduit à 1800 k. par plusieurs maisons de Paris.
Les mêmes maisons ont fait réduire le poids des charrettes à un cheval (Maringote) à 575 k. et même à 590 k.

Ainsi, la substitution de roues de roues de 0^m.14 à des roues de 0^m.11 , et la substitution analogue de roues de 0^m.17 à des roues de o .14, représente une perte moyenne par véhicule de 100 kilog.

Or, voilà ce que produiront ces 100 kilog. de poids utile lorsqu'ils seront rendus au commerce.

Sur Strasbourg et sur Lyon, par exemple, le prix du transport est de 10 fr. par 100 kilog. pour la route entière ; ainsi , pour chaque voyage, allée et retour, c'est une différence de 20 fr.

Si l'on veut calculer ce qui en résulte pour un transport journalier de 1,000 tonnes, et en évaluant le poids moyen utile de chaque véhicule à 2,500 kilog., ce mouvement répond à 40 départs par jour et à 5,480 départs par les 137 jours de mauvaise saison.

Et comme il faut admettre que, pendant toute la mauvaise saison, la marchandise abonde assez pour que les chargements soient au grand complet, il s'ensuit que la substitution de roues que nous avons plus haut rappelée coûterait aux maisons de roulage qui opéreraient ces envois de Paris sur Lyon et sur Bordeaux, une diminution annuelle dans les recettes brutes de. 110,000 fr.

Ces motifs, ces chiffres surtout, sont décisifs :

1° Pour que la nouvelle loi ne porte qu'un seul tarif sans distinction de saison ;

2° Pour qu'on ne craigne pas d'adopter pour le tarif unique les chiffres posés à ce sujet comme tarif d'hiver dans le tableau ci-contre.

Pour un mouvement journalier de 1000 tonnes de Paris Lyon, ce sera une économie annuelle de 110,000 francs.

CHAPITRE XIII.

TOLÉRANCE DE POIDS. — TOLÉRANCE DE BANDES ET DE DIAMÈTRE. — TOLÉRANCE DE NON-DÉCHARGEMENT , AVEC AMENDE.

Deux tolérances admises dans les tarifs adoptés ou proposés jusqu'à ce jour : 1° Tolérance de poids. 2° Tolérance de largeur de bandes.

Tous les tarifs préparés jusqu'à ce jour accordent deux espèces de tolérances, savoir :

1° *Une tolérance de poids* , soit fixe et exprimée par un nombre constant de kilogrammes pour chaque classe de véhicule, soit proportionnelle et exprimée par une certaine fraction du chargement entier, véhicule compris.

Cette tolérance paraît avoir eu généralement pour objet de balancer les circonstances imprévues et indépendantes de l'industrie du transport, lesquelles pouvaient venir à faire varier, dans le trajet, le poids du chargement primitif; ainsi une pluie peut augmenter notablement le poids des pailles et bâchages, et il peut en être de même de la neige qui s'accumulerait sur le bâchage, des boues et des glaces qui chargeraient les voitures et surtout les roues.

2° *Une tolérance de largeur de bandes,* pour prévoir les difficultés relatives au classement des jantes, surtout lorsque ces classes étaient échelonnées de trois centimètres en trois centimètres ($0^m.08 — 0^m.11$, $0^m.14 — 0^m.17$).

Nous ferons à ce sujet les réflexions suivantes :

Tolérance de poids. — *Les tolérances proportionnelles* nous paraissent s'éloigner tout à fait du but même de la concession; car on ne peut pas admettre que les chances imprévues d'augmentation puissent croître jamais comme les chargements, et surtout comme les chargements d'un chiffre élevé.

Ces tolérances deviennent alors des additions pures et simples aux chiffres du tarif, et il paraît bien plus naturel de porter immédiatement ce tarif au taux que l'on suppose convenable.

Il résulte d'ailleurs du système de tolérance proportionnelle un accroissement considérable, bien que non apparent, dans les chargements maxima, lorsqu'il faudrait au contraire abaisser ces chiffres maxima autant que possible.

Sous tous ces rapports, nous croyons que le système des tolérances proportionnelles doit être écarté.

La tolérance fixe nous paraît au contraire avoir ce triple avantage :

1° De n'augmenter que d'une manière insensible les très-forts chargements;

2° D'être cependant tout à fait suffisante si on en règle le chiffre au maximum des éventualités qui peuvent affecter le plus fort chargement du tarif, et on peut le faire sans crainte, ce chiffre est toujours relativement très-minime;

3° D'agir en façon de prime, et ainsi qu'on l'a établi plus haut en faveur des jantes étroites, et de satisfaire ainsi aux expériences qui ont déclaré qu'à poids égal par centimètre de largeur de bandes les roues à jantes étroites dégradaient moins les routes.

Il faut savoir du reste :

Qu'une charrette, même avec un chargement inférieur au tarif lorsqu'elle part, peut souvent en route être obligée de se mettre en surcharge;

Qu'une charrette est en effet chargée à son départ, de manière à ce que l'avant et l'arrière s'équilibrent et soient ce qu'on appelle *en balance*, mais qu'à chaque relais lorsqu'on dételle, lorsqu'on rejette la voiture en arrière les limons en l'air, ou lorsqu'on abaisse la voiture en devant, les limons à terre, il en résulte toujours, quels que soient les ordres, quels que soient les soins, un déplacement du chargement qui vient alors à peser soit en avant, soit en arrière.

De sorte qu'après la répétition de ce déplacement à trois ou quatre relais, déplacement qui s'aggrave ainsi de plus en plus, le charretier est obligé, pour pouvoir continuer sa marche, de rétablir cet équilibre en mettant de nouveaux poids (presque toujours des poids morts, des pavés ordinairement), soit sur l'avant, soit sur l'arrière de la charrette.

Et quand la voiture arrive au pont à bascule, elle est l'objet d'un procès-verbal de surcharge, bien que la maison de roulage ait consciencieusement et légalement chargé.

La même chose n'a pas lieu pour les chariots.

Une autre circonstance pèse également exclusivement sur les charrettes.

Le pesage d'un chariot sur un pont à bascule se fait dans des circonstances assez régulières et qui peuvent être toujours les mêmes; les quatre roues portent sur le pont et les chevaux se trouvent en dehors.

Mais il n'en est pas de même de la charrette.

La charrette est posée sur le pont, mais le limonier est au contraire en dehors du tablier.

Or, par cela même que jamais on ne dételle la voiture pour la mettre sur chambrière, il arrive que le cheval reste dans ses limons; et que suivant que la charrette lourde en arrière s'enlève un peu du cheval qui la retient par la sous-ventrière, ou au contraire qu'elle est lourde en amont et pèse sur la dossière, sur le limonier, il en résulte que la charrette sera trouvée au-dessus ou au-dessous de son poids réel.

Ainsi en chargeant un chariot à 100 kil. au-dessous du tarif, un entrepreneur est à peu près sûr de circuler sans procès-verbaux sur une route dont il connaît les ponts à bascule; et en chargeant une charrette à 300 kil. au-dessous du poids légal, une maison de roulage peut à chaque instant être frappée de procès-verbaux de surcharge.

Et de là un dernier motif tout à fait déterminant pour accorder une tolérance fixe assez notable en faveur des charrettes.

Pour régler le chiffre de cette première tolérance, nous avons essayé quelle serait la correspondance du poids ainsi augmenté avec les chargements réels qui constituent avec les jantes étroites les coupes les plus avantageuses pour l'industrie des transports.

Et c'est ainsi que nous avons été amenés pour la charrette au chiffre de 200 kil. qui, au surplus, est conforme avec la tolérance accordée par la réglementation actuelle.

Les chariots pourraient presque s'en passer.

Quant aux chariots on pourrait à la rigueur n'accorder aucune tolérance.

En premier lieu, parce que nous avons reconnu que les chiffres portés au tarif sont tout à fait suffisants pour l'emploi utile de ces véhicules.

En deuxième lieu parce que, comme on l'a dit, il n'y a pas deux manières de placer un chariot sur un pont à bascule.

En troisième lieu, parce qu'aucune cause ne peut venir à faire varier en route le poids d'un chariot.

Et en quatrième lieu, enfin, parce que le poids accordé aux chariots, bien qu'évalué en raison du diamètre des deux trains, pourrait bien n'être pas chargé précisément dans le rapport de ces mêmes diamètres sur le train de derrière, et sur le train de devant.

Que probablement même le train de derrière sera presque toujours affecté d'une véritable surcharge afin de faciliter la marche de la voiture, en en faisant une sorte de charrette à quatre roues.

Par tous ces motifs on devrait presque retrancher entièrement la tolérance fixe de 300 kilogrammes accordée aujourd'hui aux chariots.

Et il y a au moins lieu de réduire cette tolérance, comme pour les charrettes, à 200 kilog.

Ce chiffre serait alors destiné à balancer le bâchage, paille, cordes et autres agrès du chargement le plus considérable.

Tolérance de largeur de bandes. On comprend encore la nécessité de préciser le classement de la voiture, lorsque la bande neuve ou usée se trouve comme largeur dans l'intervalle compris entre deux des désignations précises du tarif.

Dans le nouveau tarif les échelons ne sont plus que d'un centimètre.

Pour un cas analogue (celui des diligences), échelonné aussi de centimètre en centimètre, l'ordonnance de 1837 avait dit :

« Il est accordé sur la largeur de la jante une tolérance d'un demi-centimètre au moins. »

Au contraire la commission de la Chambre des Députés avait proposé la disposition suivante :

« Toute voiture dont les roues ont une largeur de bandes, ne correspon-» dant pas à l'un des termes du tarif, est classée conformément au terme im-» médiatement inférieur. »

De ces deux rédactions la deuxième est non-seulement restrictive, mais encore injuste pour le cas très-fréquent où une roue, après avoir servi quelques centaines de lieues viendrait à perdre seulement trois à quatre millimètres de largeur.

La rédaction du gouvernement, qui est au contraire additive, nous paraît plus conforme à l'équité comme aussi à la libéralité qui doit surtout caractériser une réglementation.

On ne perdra pas de vue, du reste, que cette clause se trouvera dans la loi à la suite de ce paragraphe.

« Toute voiture dont les roues ont des bandes de largeur inégale, est clas-» sée d'après la bande de moindre largeur. »

Deux autres tolérances nous semblent devoir être utiles à la loi nouvelle, savoir :

Une tolérance de diamètre, puisque les diamètres constituent un des principaux éléments du tarif présenté.

Et une tolérance de non-déchargement avec amende, dont nous expliquerons le but et l'utilité.

Tolérance sur les diamètres. L'épaisseur du fer des bandes change nécessairement et diminue au fur et à mesure que la roue a servi plus longtemps, et d'un autre côté il peut se trouver dans l'exécution des roues des variations assez légères pour ne pas entraîner un déclassement.

Nous proposons de laisser $0^m.05$ de latitude pour toutes ces causes d'altération ou d'erreur.

Tolérance de non-déchargement avec amende. Nous croyons nécessaire de motiver une dernière tolérance, admise au surplus déjà dans les projets de loi de 1832 et 1838, mais dont il nous paraît utile de préciser l'objet et de déterminer les limites.

L'art 44 du décret du 23 juin 1806, porte que :

Tout voiturier ou conducteur pris en contravention pour excédant de poids fixé par ledit décret, ne pourra continuer la route qu'après avoir....... *déchargé sa voiture de l'excédant de poids* qui aura été constaté.

La décision du 16 mai 1816 rappelle la clause précitée de 1806, et donne les ordres les plus sévères d'exécuter cette mesure.

L'ordonnance du 16 juillet 1828, art. 24, répète littéralement l'art. 44 de 1806.

Il n'est, du reste, plus question explicitement de cette disposition, ni dans l'ordonnance réglementaire du 23 avril avril 1834, ni dans l'ordonnance du 15 février 1837, mais les articles précités n'ont pas été rapportés et continuent à être exécutés.

Nous sommes même certain, et cela devait arriver, que sur certains points on a dépassé, dans l'exécution de cette mesure, les intentions de l'administration supérieure, et que l'on a fait décharger pour des excédants de poids tout à fait insignifiants (30 kilogrammes par exemple).

Or comme il y a de graves inconvénients attachés au débâchage à découvert, quelquefois à la pluie, de toute une voiture ; à la décharge d'un ou de plusieurs colis, sans aide, sans agrès; au réajustement du surplus du chargement pour répartir convenablement le poids sur la charrette surtout ; à la responsabilité résultant soit des avaries, soit du transport du dépôt en lieu de sûreté des colis déchargés; il est arrivé, et il arrive tous les jours, que les charretiers du relayeur préfèrent laisser les voitures sur place.

On écrit alors à la maison de roulage d'envoyer un employé pour présider à ces mouvements de marchandises.

Grands inconvénients du déchargement.

Et tous les relais de la ligne qui attendaient cette voiture ainsi retenue s'en vont *haut le pied*; c'est une perte de 5oo francs sur chacune des deux lignes de Strasbourg et de Lyon, et ce indépendamment des avaries, voyages d'employés et frais de toute nature qui retombent également à la charge de la maison de roulage.

Et ce fait arrive au moins une fois par mois pour chacune des maisons de roulage de Paris.

Si, au contraire, le charretier-relayeur prend sur lui de décharger le fort poids, il met à terre le premier colis venu; or, les services accélérés portent en général des marchandises pressées, surtout pour les services de ports de mer.

Et les colis déchargés et laissés en route (outre les vols et les avaries, ainsi que les frais qu'exigent leur enlèvement) donnent toujours lieu à des retenues, et, ce qui est bien autrement fâcheux, à des *laissés pour compte* de marchandises quelquefois d'une valeur considérable et d'une défaite difficile et onéreuse.

Ainsi, dans ces deux hypothèses, le dommage est tout à fait considérable.

Nous pensons qu'il doit à ce sujet être accordé une quatrième tolérance, laquelle pourrait s'étendre jusqu'à 4oo kilog. au delà de la tolérance fixe de poids de 2oo kil. (accordée par voiture, charrette ou chariot, et motivée dans le 1er paragraphe de ce chapitre).

Nous proposons néanmoins que cette nouvelle tolérance de 4oo k., loin d'être complétement libre, soit frappée d'une amende double; mais nous demandons que, moyennant le payement de *cette amende double*, le roulage, comme les messageries, puisse *se dispenser de décharger*; de sorte que les mesures rigoureuses du déchargement ne s'appliquent que dans le cas où la charge passerait lesdits 4oo kilogrammes.

De cette manière, on n'appliquerait le déchargement, cette dernière et onéreuse pénalité, qu'en cas de grave négligence ou de mauvais vouloir; et cependant, au moyen d'un système d'amende convenablement tarifé, on serait sûr que l'industrie éviterait autant que possible d'être déclarée en surcharge dans les limites desdits 4oo kilogrammes.

Nous terminerons par quelques réflexions qui, bien qu'accessoires, viennent cependant à l'appui encore de la proposition qui précède.

En affranchissant le roulage de tout déchargement dans la nouvelle latitude de 4oo kilogrammes que nous proposons de lui accorder, bien qu'avec amende, on dégrève réellement le commerce des augmentations de prix nécessaires pour couvrir les frais qu'entraînent aujourd'hui les déchargements , car, il ne faut pas se le dissimuler, en définitive c'est le commerce qui paye pour le roulage.

Si l'on tenait trop sévèrement rigueur à l'industrie du transport , il faudrait qu'elle renonçât à son tour à accorder des facilités souvent précieuses au commerce , lorsque des expéditions sont urgentes , de même que les messageries deviendraient tout à fait intraitables pour prendre la moindre partie de bagages, lorsqu'il se présente tardivement , par exemple , un voyageur.

Toute facilité donnée au roulage , est accordée en définitive au public, au commerce.

C'est une vérité qui ressort de toute part : l'industrie du transport n'est en tout ceci que secondaire , tandis que la partie réellement intéressée, c'est le public, c'est le commerce , qu'on favorise ou qu'on gêne en fait de mouvements.

Ici surtout cette considération apparaît dans tout son jour, car l'usage de la tolérance avec double amende sera, sans aucun doute, singulièrement coûteuse à l'industrie des transports, chaque fois qu'elle devra en user ; mais l'arrivage des voyageurs et des marchandises sera assuré désormais à jour fixe sans aucun désappointement.

L'administration avait au surplus apprécié cette nécessité, et répondu à ce besoin dans l'article 34 du projet de loi de 1838.

Seulement , l'administration (selon nous du moins) avait été trop loin en accordant, moyennant amende , le droit de faire circuler des chargements en quelque sorte illimités.

Et nous proposons :

1° De n'admettre ce système d'atténuation , en fait de pénalité, que jusqu'à une certaine limite , c'est-à-dire pour le seul cas d'éventualités dont l'industrie ne peut pas réellement s'affranchir ;

2° De laisser au contraire subsister la pénalité sévère du déchargement pour toutes surcharges au delà de 400 kilogrammes, c'est-à-dire pour le cas de négligence volontaire ou du mépris évident de la loi.

CHAPITRE XIV.

ROUTES A BARRIÈRES DE DÉGEL. — NOUVEAU CHIFFRE RÉGLEMENTAIRE.

Législation actuelle.

La loi du 29 floréal an X (19 mai 1802), porte :

Art. 6. « Le roulage pourra être momentanément suspendu pendant les » jours de dégel, sur les chaussées pavées , d'après l'ordonnance des préfets de » départements. »

Mais l'ordonnance du 23 décembre 1816 est venue la première en fait de réglementation, poser les bases, et d'un tarif à imposer, et des diverses mesures à prendre pour les routes susceptibles d'être soumises au régime des barrières de dégel.

Cette ordonnance, il faut le dire, ne définit pas, ou plutôt définit mal les cas où ces mesures d'exception doivent être appliquées. *Elle semble exclusive pour le nord de la France.*

Il semble, en effet, que l'on ait jugé en 1816, que ces mesures n'étaient nécessaires que pour les départements du nord de la France, puisque ces localités sont seules mentionnées au préambule si abrégé, si peu satisfaisant du reste, qui se trouve placé (66) en tête de l'ordonnance.

Il semble encore que ce soit également pour les routes pavées exclusivement, que doive être circonscrite l'application de ces mesures préventives, si l'on en juge du moins par le libellé qui laisse également tant à désirer, de l'art. 1er.

« Art. 1er. Dans les départements *où il existe des routes pavées* il pourra
» être établi des barrières de dégel, etc. »

Or, il eût été plus vrai et plus utile de dire, par exemple :

Dans les départements où il existe des portions de routes *dont le sol est assez mobile pour faire craindre, lors du dégel, de graves altérations dans la chaussée*, etc...

Car ce n'est point seulement au droit des chaussées pavées que ces altérations sont à craindre, ce n'est pas non plus seulement dans les départements du nord qu'il existe des sols aussi mobiles, aussi dangereux à l'époque des dégels.

Dans la seule inspection qui nous ait encore été confiée, l'inspection des départements du cœur de la France, nous connaissons (*dans le Cantal,* par exemple), plusieurs portions *de routes d'empierrements* qui devraient être pourvues de barrières de dégel (67). *D'autres départements réclameraient des mesures analogues.*

Nous supposons que nos camarades auraient, s'ils étaient consultés, à signaler des routes ou portions de routes qui appellent également des mesures exceptionnelles de conservation.

---

(66) Ce préambule se réduit à ces termes :
« Considérant qu'il importe de fixer définitivement le chargement avec lequel ces voitures
» pourront circuler en temps de dégel *dans les départements du nord* de notre royaume. »

(67) Et il ne s'agit point *de cas tellement rares* qu'il faille ne pas les prendre en considération dans une loi d'un intérêt général ; car nous citerons *huit localités* dans ce même département qui en sont affectées ; savoir :

Route royale, n° 120, *de Rhodez à Limoges :*	*Route royale,* n° 122, *de Toulouse à Clermont :*	*Route royale,* n° 126, *de Montauban à Saint-Flour :*
1° à Montsalvy ;	1° à Saint-Maure ;	à Fond de Cère.
2° à Lafeuillade ;	2° à Ouzzeau, point culminant de la route, à 950 mètres au delà du niveau de la mer ;	
3° aux Landes-Saint-Paul.	3° à Saint-Martin.	

Seulement il faut reconnaître, et l'exemple que nous prenons dans le Cantal est une preuve certaine de cette assertion (68), qu'il est bien difficile, pour ne pas dire impossible, d'assujettir à une même règle tant de circonstances différentes.

Remarquons que ces circonstances peuvent varier d'une année à l'autre, et que la même mesure, par exemple, tel chiffre minimum de chargement à l'époque du dégel, pourrait bien ne pas être une précaution suffisante.

On nous affirme aussi que dans le département du Nord, par exemple, toutes les routes ne sont pas affectées de même et en même temps, et qu'il faudrait ainsi statuer chaque année pour chaque route isolément.

Dans tous les cas, il n'est pas raisonnable d'admettre qu'un même chargement doive être appliqué à toutes les routes ainsi frappées de bouleversements et indistinctement, et surtout de statuer sur ce chargement, dans une forme telle que le chiffre ne puisse venir à être modifié autrement que par une loi.

C'est-à-dire que jamais nécessité ne s'est mieux fait sentir de renoncer sur ce point à statuer législativement.

Il faut donc saisir purement et simplement l'administration du soin de pourvoir à ces nécessités, et de concilier suivant les temps et les besoins, ce qu'il est possible de faire pour le commerce, avec ce que réclament cependant si impérieusement ces diverses parties de route.

Alors on statuerait en connaissance de cause d'après des rapports ou des expérimentations *ad hoc*, soit pour la désignation des routes à pourvoir de barrières de dégel, soit pour les mesures restrictives dont chaque route devrait être l'objet, de même qu'on resterait avec la faculté d'amender les tarifs ou toute autre disposition, dans le cas où de plus exactes ou plus complètes observations viendraient à en démontrer l'utilité.

Notre conclusion est donc que la loi se borne à exprimer, qu'il sera

---

(68) Les effets qu'on observe dans le Cantal, sans être pareils à ce que l'on remarque sur les routes pavées du département du Nord, signalent des accidents plus graves encore peut-être et qui devraient en certains cas motiver même une suspension complète de circulation.

Voici quels en sont les caractères principaux ;

C'est une terre extrêmement légère : la gelée détermine des *soulèvements considérables* du sol. Ces effets ne se manifestent cependant pas tous les hivers. mais lorsqu'ils ont lieu, ils se produisent en quelques jours ; des roches saillantes sur $0^m.60$ de hauteur, sont presque instantanément recouvertes de $0^m.30$; les roues de voitures y disparaissent, les bestiaux mêmes y enfoncent assez pour périr si on ne venait pas à leur secours.

La route ressemble à un champ profondément labouré.

Les longueurs ainsi soulevées sont de 1500 à 1800 mètres.

Si des voitures y passent, il cesse d'exister un empierrement, et il faut refaire la chaussée presqu'à neuf.

Si le passage est tout à fait suspendu, au bout de quelque 8 jours ces foisonnements cessent, tout revient à sa place et il n'est bientôt plus question de ces accidents.

statué par *des règlements d'administration publique* (69), en ce qui concerne les routes qui doivent recevoir des barrières de dégel.

Cependant, pour prévoir le cas où l'administration ou les Chambres
voudraient maintenir dans la loi un tarif pour les routes à barrières de dégel,
nous allons chercher à en déterminer le chiffre.

Nous serons, bien entendu, obligé de nous placer dans une hypothèse
déterminée ; nous choisirons le cas qui jusqu'à présent a dû préoccuper
presque exclusivement l'administration ; nous voulons parler des *routes
pavées* des départements du nord de la France.

Voici d'abord ce qui se passe sur ces routes (70) :

« Lorsque la gelée a *tuméfié* la chaussée pavée, et qu'au dégel le sable
» et même le sol, sous la forme, retiennent beaucoup d'eau et deviennent
» fluides en quelque sorte, les pavés de petites dimensions et maigres à la
» queue, comme il en existe une très-grande quantité dans nos routes du
» nord, sont susceptibles, quand une roue appuie sur une de leurs extré-
» mités, de se déverser transversalement à la route ; et si d'autres voi-
» tures viennent à passer sur la trace de la première, les deux pavés ainsi
» inclinés l'un vers l'autre se *renversent complétement*, et la chaussée de
» proche en proche se bouleverse sur une étendue quelquefois considérable.

» Le bouleversement de la chaussée par renversement de pavé n'est
» pas toutefois le seul mode de dégradation qui soit à redouter ; un poids trop
» considérable sur une large jante ferait affaisser les pavés et produirait des
» ornières d'autant plus marquées, que par l'effet de la fluidité du sable de
» la forme, il y aurait certainement soulèvement des parties de chaussées
» latérales. »

Or, voici ce que l'ordonnance du 23 décembre 1816 a cru devoir opposer
de précautions à ces causes de graves détériorations.

Elle s'est bornée à limiter les chargements ainsi qu'il suit :

Voitures de roulage	à deux roues. . . . . 900 ^{k}	*Nota.* Il est en outre accordé en fait une to-
	à quatre roues. 1500	lérance de 200 ^{k}, mais
Voitures publiques	à deux roues. 800	cette tolérance n'est pas mentionnée à l'or-
	à quatre roues. 1800	donnance de 1816.

---

(69) M. le baron Mounier, dans son rapport à la Chambre des Pairs, du 11 février 1833, faisait
ressortir le but, les conditions et la nécessité de cette forme de règlement, au lieu et place d'une
simple ordonnance, et à plus forte raison d'une décision ministérielle.

« Les expressions *de règlement* et *d'administration publique* présentent un sens clair et déter-
» miné, elles assurent de plus une utile garantie.

» Un règlement d'administration publique est préparé par un ministre, revu par un comité du
» conseil d'état et discuté en assemblée générale.

» Les règlements comme les lois ont besoin de subir l'épreuve de la délibération. »

(70) Nous extrayons cette citation d'une note fournie par M. Foulon, ingénieur de l'arrondissement de Cambrai.

Nous n'insisterons pas sur le peu d'harmonie de ces chiffres, mais nous signalerons immédiatement l'omission grave d'une fixation comme minimum de largeur de jante correspondant à chacun de ces chargements.

Ces chargements constants, quelle que puisse être la largeur de la jante, donnent d'un autre côté comme poids utiles, les résultats exprimés par le tableau suivant (71) :

	VOITURES A 2 ROUES.				VOITURES A 4 ROUES.				
Largeur des jantes. . .	0.07	0.11	0.14	0.17	0.07	0.11	0.14	0.17	0.22
Chargements autorisés, augmentés de 200 k. de tolérance. . . .	k. 1100	k 1100	k. 1100	k. 1100	k. 1700	k. 1700	k. 1700	k. 1700	k. 1700
Poids moyen des voitures vides.	500	825	975	1225	650	1000	1775	2100	2500
Poids utile transporté.	600	275	125	»	1050	700	»	»	»

C'est-à-dire, des poids utiles insignifiants ou nuls pour toutes les jantes autres que les jantes de 0^m.07.

Ses conséquences.

La conséquence de ces tarifs pouvait être tirée *à priori*, il était impossible sous un tel régime qu'il circulât d'autre voitures que des *charrettes et chariots à jantes de* 0^m.07 *et au-dessous* (72), c'est-à-dire qu'on forçait l'industrie du transport à adopter exclusivement les combinaisons les plus préjudiciables aux routes ; et au contraire, on aurait dû ne pas sortir de la loi proportionnelle à la largeur des jantes, si toutefois dans l'espèce il ne fallait pas accorder une véritable prime aux jantes larges.

Actuellement que l'influence des grands diamètres est aussi une condition conseillée par l'expérience au profit des routes, il faut aussi évidemment en tirer parti dans ces cas de presque périls.

Maximum proposé de 2400 k. pour la voiture de roulage à quatre roues.

Or, en fixant, ainsi que le proposent unanimement tous les ingénieurs consultés, à 2400 kilogrammes le chargement maximum de la voiture à quatre roues et à jantes de 0^m.12, on arrive comme chiffres rationnels au tableau ci-après.

---

(71) Nous extrayons ces tableaux d'une note fournie par M. Davaine, ingénieur de l'arrondissement de Lille.

Le poids des voitures vides résulte d'un certain nombre de pesages opérés aux ponts à bascule de l'arrondissement de Lille.

(72) Nous disons au-dessous de 0^m.07, parce que nous lisons dans une note fournie par M. Foulon, ingénieur de l'arrondissement de Cambrai, une cote de jantes de 0^m.05.

1° Charrettes ou voitures à 2 roues.

BANDES.	$D = 1^m.667$	$D = 1^m.83$	$O = 2^m.00$	OBSERVATIONS.
m.	k.	k.	k.	
0.08	400	500	600	
0.09	450	562.50	675	
0.10	500	625	750	
0.11	550	687.50	825	
0.12	600	750	900	
Unité par zone de $0^m.01$ de largeur de bandes.	k. $P = 25$	k. $P = 27.50$	k. $P = 30$	

2° Chariots ou voitures à 4 roues.

BANDES.	$D = 1^m.667$ $d = 1^m.000$	$D = 1^m.83$ $d = 1^m.167$	$D = 2^m.00$ $d = 1^m.333$	OBSERVATIONS.
m.	k.	k.	k.	
0.08	1280	1440	1600	
0.09	1440	1620	1800	
0.10	1600	1800	2000	
0.11	1760	1980	2200	
0.12	1920	2160	2400	
Unité par zone de $0^m.01$ de largeur de bandes.	$P = 25$ k. $p = 15$ $\dfrac{P+p}{2} = 20$ k.	$P = 27.50$ k. $p = 17.50$ $\dfrac{P+p}{2} = 22.50$ k.	$P = 30$ k. $p = 20$ $\dfrac{P+p}{2} = 25$ k.	

La tolérance ne serait que de 100 kilogrammes par voiture, tant à deux roues qu'à quatre roues, afin de ne pas dépasser le chiffre 2500 kilogrammes.

Ces tableaux sont, en effet, la reproduction du tarif proposé pour le roulage entier de France avec ces trois modifications : *Comparaison avec le tarif pour les routes ordinaires.*

1° L'unité de chargement par zone de $0^m.01$ est réduite des *quatre cinquièmes.*

Ainsi le diamètre de $1^m.00$ n'a plus droit qu'à 15 kilogrammes par $0^m.01$, au lieu de 75, et ainsi de suite.

2° Le tableau dans l'échelle des diamètres fixe, comme minimum, le diamètre de $1^m.667$ pour les voitures à deux roues, et le diamètre de $1^m.00$ pour les roues de devant des voitures à quatre roues.

Ce tableau s'arrête aussi au diamètre de $2^m.00$ pour les roues de derrière, et de $1^m.333$ pour les roues de devant, afin de ne point comprendre de chiffres de chargement trop élevés, même avec de larges jantes et de grands diamètres.

3° Les jantes les plus faibles admises à la circulation sont les jantes de $0^m.08$.

Le tout, sous cette condition que le poids maximum des voitures à grandes roues ne dépassera pas 2500 kilogrammes, y compris 100 kilogrammes de tolérance.

Mais il ne suffit pas de poser des chiffres rationnels au point de vue des routes, il faut encore n'exprimer que des chiffres utiles et surtout praticables pour le commerce.

Or, dans le tableau des charrettes un seul chiffre pourrait être utilisable, savoir :

Le chargement de la charrette à jantes de $0^m.12$, et à diamètre de roues de $2^m.00$, ci. . 900^k
Lequel, avec la tolérance, deviendrait. . . . . , ... 1000

et dans le tableau des chariots la dernière ligne seule nous semble également pouvoir être profitable à l'industrie des transports.

Et de là cette conclusion :

Tarif proposé, n° 4.1° Que toutes les autres combinaisons exprimées aux tableaux sus-calculés, ne sont point commerciales, et qu'elles doivent être effacées de la réglementation ;

2° Que, dans l'intérêt du commerce comme dans l'intérêt des routes, il suffit d'insérer à la réglementation « que les voitures à jantes de $0^m.12$ auront » seules le droit de circuler, et qu'il leur sera attribué le droit de porter, » savoir :

Une voiture à deux roues, non compris 100^k. de tolérance. . . . . 900^k
Une voiture à quatre roues (non compris également 100^k. de tolérance).
Avec diamètre de $1^m.667$ sur l'arrière-train et $1^m.00$ à l'avant-train.   1920
    id.   de $1^m.83$ *id.*   et $1^m.167$ *id.*   2160
    id.   de $2^m.00$ *id.*   et $1^m.333$ *id.*   2400

Et nous formons de ces prescriptions un tarif n° 4, annexé également à ce rapport.

Nous ferons remarquer au sujet de ce dernier tableau que ce serait une erreur de supposer la condition des jantes de $0^m.12$, comme emportant avec elle l'obligation d'avoir des voitures d'un poids trop fort.

Lorsque, en effet, il n'est question que de porter des chargements aussi exigus, on dispose la totalité de la voiture (les roues exceptées) comme s'il s'agissait de voitures ordinaires de $0^m.06$ à $0^m.07$ de largeur de jantes, et quant aux roues, on établit également la totalité des bois (moyeu et rais) comme pour des voitures à jantes étroites, de même qu'on peut réduire l'épaisseur habituelle de $0^m.027$ du fer de la bande.

De la sorte, on parvient à construire des voitures très-légères, et on augmente d'une manière notable le poids utile transporté.

Le commerce appréciera, du reste, la concession accordée, laquelle porte les poids autorisés à 2400 kilogrammes au lieu de 1500 ; et cependant le poids de 1700 kilogrammes, y compris 200 kilogrammes de tolérance, sur des jantes

de $0^m.07$ (et il y avait des jantes bien autrement étroites encore) répond pa
zone de $0^m.01$ à. . . . . 60 kilog.

Et le poids de 2400 kilogrammes (sans tolérance) sur des jantes de $0^m.12$,
ne répond par zone de $0^m.01$ qu'à. . . . . 50 kilog.

Il faut d'ailleurs remarquer que pour parer au déversement des pavés, les
jantes plus larges (à poids même égal) sont bien moins nuisibles.

Mais, en dehors du roulage proprement dit, nous avons vu que les
voitures publiques pour voyageurs appelaient des exceptions à la règle
générale. *Voitures publiques pour voyageurs.*

Or voici ce qui se passe aujourd'hui à l'égard de ces voitures sous le régime ou par suite du régime de la réglementation actuelle.

Lorsque les barrières sont fermées, les grandes messageries qui partent de
Paris, contenant trois voyageurs au coupé, six à l'intérieur, quatre dans la
rotonde et trois sur la banquette (en tout 16 voyageurs), sont remplacées, aux
points où la circulation ordinaire est interdite, par des voitures qui présentent
seulement trois places de coupé, huit d'intérieur en omnibus, et trois de
banquettes (14 voyageurs).

Ces voitures sont beaucoup moins commodes que les premières, et en outre
le déchargement qui s'opère au milieu de la nuit mécontente d'autant plus
les voyageurs qu'il les expose à des oublis et à des pertes d'effets (73).

Mais ce n'est pas tout, attendu :

que la voiture pèse. . . . . 1,400 kil.
que 14 voyageurs pèsent, à raison de 75 kilogrammes. 1,050
que le conducteur et le postillon pèsent. 150

Total. 2,550

et que le poids autorisé, 1,800 kilogrammes, avec les 200 kilogrammes
admis de tolérance, ne font en tout que. . . . . 2,000 kil.

il s'ensuit que la voiture est toujours et inévitablement en surcharge, et que
pour éviter la constatation du poids aux ponts à bascules de Péronne, Cam-
bray, Pont-à-Marcy et Lille, les messageries font une loi aux voyageurs de
descendre longtemps avant, et de ne remonter que longtemps après ces ponts
à bascules. *Conséquence du tarif actuel.*

C'est le conducteur qui prend alors les guides, et le postillon dirige les
voyageurs à pied dans la boue quelquefois *pendant une lieue de chemin.* *Inconvénient grave pour les voyageurs.*

Pour remédier à un pareil état de choses nous proposons, et les ingénieurs consultés à ce sujet ont tous donné à cet égard un avis favorable :

De porter à 3000 kil., y compris la tolérance, le poids autorisé pour voi-
ture publique, mais à la charge d'une part d'avoir des bandes de $0^m.12$, et d'une *Nécessité de porter à 3000k. le chargement des voitures à voyageurs, de $0^m.12$ de bandes.*

____

(73) Les bagages et marchandises sont placés sur un fourgon à la suite.

autre part de ne porter *que des voyageurs* sans marchandises, sans bagages.

Il serait bien entendu que si cette dernière condition venait à ne pas être exécutée, ces voitures rentreraient dans l'obligation du fourgon et du roulage, de ne porter que le poids de 2400 kil. sans aucune tolérance.

Le poids des voitures serait ainsi composé :

Voiture vide..	1,600 kil.
16 voyageurs à 75k.	1,200
Conducteur et postillon.	200
Total.	3,000

Nous proposons encore de satisfaire à cette demande des ingénieurs, d'exiger que les voitures soient pesées vides et estampillées, afin que la vérification du poids puisse se faire par le nombre seul des voyageurs à raison de 75 kil. par personne et en appliquant le même poids au postillon et au conducteur.

Nous réunissons ici les diverses conclusions de ce chapitre :

Conclusions et résumé du chap. XIV.

1° La réglementation entière des routes à barrières de dégel devrait rester dans le domaine administratif pour être régie par voie de règlements d'administration publique.

2° Cette réglementation pendant la fermeture des barrières de dégel peut se réduire à ces termes :

Les voitures de roulage, au pas, non suspendues, et les fourgons suspendus, au trot, auront $0^m.12$ de largeur de jantes et seront réglementés comme chargement d'après le tarif n° 4, de manière à ne jamais dépasser 2400 kilogrammes.

Les messageries seront tenues d'avoir aussi des jantes de $0^m.12$ (74), mais pourront peser (voiture comprise) 3000 kil., à la charge d'être estampillées préalablement comme voiture vide, de ne porter que des voyageurs exclusivement sans marchandise ni bagage, et de ne point excéder le poids de 3000 kil. tolérance comprise, ledit chargement calculé sur le poids de la voiture vide, et sur le poids des voyageurs, conducteur et postillon, à raison de 75 kil. par personne.

Les messageries qui porteraient voyageurs et bagages, seraient assimilées aux fourgons suspendus et obligées de ne pas porter plus de 2400 kilogrammes (75).

---

(74) Les observations que nous avons plus haut présentées sur les divers moyens de diminuer et le poids des voitures, et le poids des roues même de $0^m.12$, lorsque les chargements sont très-faibles, s'appliquent également aux messageries.

(75) Nous devons à M. l'ingénieur Davaine également la communication d'un document que nous croyons utile de mettre en regard de nos propositions.

C'est l'arrêté royal du 28 janvier 1832, qui constitue la réglementation actuellement en vigueur en Belgique.

En voic les principales dispositions

CHAPITRE XV.

EXEMPTIONS. — INUTILITÉ ET INCONVÉNIENTS DE CES DÉROGATIONS.

En fait d'exemption, il faut distinguer ce qui est *exception* à une mesure, et ce qui est *dérogation* à une loi de continuité.

Distinction entre ce qui est exception et ce qui est dérogation.

L'*exception* peut être nette ; à cette fin elle doit même s'appliquer à des catégories de voitures bien définies, et aussi tranchées que possible.

Telles sont les voitures pour voyageurs, pourvu qu'elles n'appartiennent pas à un établissement de messageries.

Tels sont les transports militaires.

Art. 5. On laisse circuler librement toute voiture à deux roues attelée d'un cheval, ou à quatre roues attelée de deux chevaux au plus, pourvu que leur poids n'excède pas les chiffres ci-après.

Art. 6. Poids maximum des voitures publiques destinées au transport des voyageurs.

	VOITURES À 2 ROUES.			VOITURES À 4 ROUES.		
	m. m. de 0.06 à 0.08	m. m. de 0.09 à 0.11	m. m. de 0.12 à 0.14	m. m. de 0.06 à 0.08	m. m. de 0.08 à 0.11	m. m. de 0.12 à 0.14
Bandes. . . Chargement.	900^k	1200^k	1500^k	1800^k	2400^k	3000^k

Ces poids ne sont tolérés que dans l'intérêt des voyageurs. Les voitures publiques ne peuvent transporter les effets des voyageurs qu'à raison de 25 kilogrammes par personne.

Chaque voiture publique doit porter en caractères apparents l'indication de son poids (*).

Poids des voitures de roulage et autres non suspendues allant au pas (**).

> Charrettes. . . . . 900 kilog.
> Chariots. . . . . 1,500 —

Enfin les gouverneurs peuvent, sur la proposition des ingénieurs des ponts et chaussées, et sauf à en rendre compte au département de l'intérieur, modifier les dispositions qui précèdent, relatives au poids des voitures sur les routes, et ce, à raison ou de la qualité des matériaux ou de la nature du terrain qui affectent lesdites routes.

Observations. Il est assez remarquable que l'arrêté belge vienne confirmer la possibilité d'accorder des chargements de 3,000 kilogrammes aux voitures publiques avec des jantes de 0^m.12 à 0^m.14.

Nous sommes du reste plus sévères que l'arrêté belge en subordonnant ce poids à la condition de ne porter que des voyageurs.

Nous sommes aussi plus rationnels que la Belgique, d'une part en accordant 2,500 kilogrammes au roulage, et d'une autre part en proscrivant pendant la fermeture des barrières de dégel toute jante moindre de 0^m.12.

(*) Ce poids n'étant pas vérifié et estampillé administrativement, nous savons qu'on inscrit souvent des poids inférieurs de beaucoup à la vérité.

(**) L'arrêté belge, comme largeur de jantes, accorde les mêmes poids au roulage que l'ordonnance française de 1816, et n'assujettit pas davantage ces poids à la condition de satisfaire à telle ou telle largeur de jantes. C'est une omission ou une faute.

Des exceptions nettes et tranchées peuvent être admises.

Il n'y a aucun grave inconvénient à introduire dans une loi de semblables exemptions, elles n'attaquent aucun principe. Elles ne donnent prise par conséquent que peu ou point à la fraude.

Il y a au contraire *dérogation* lorsque c'est l'échelle même de la réglementation que l'on vient vicier en mettant en dehors de la loi commune telle ou telle classe de jantes ou de diamètres.

Les dérogations donnent au contraire lieu à une lutte, à des abus.

Ainsi : que les lois des jantes et des diamètres viennent à s'effacer lorsqu'il s'agira de tels ou tels attelages ;

Que, comme dans l'ordonnance de 1837, cette dérogation soit même restreinte à l'attelage à un cheval (76);

Ou, *à fortiori*, que ce soit à des catégories nombreuses, comme le portaient divers projets de réglementation (77), que s'appliquent de pareilles exemptions ;

Alors il s'établit une lutte incessante pour essayer de reculer les limites posées; et il en résulte à la fois et une gêne dans les libres mouvements du commerce, et cependant une fraude renouvelée sous toutes les formes pour éluder la loi.

Dans l'intérêt de la liberté même de l'industrie, comme aussi pour la moralité de l'exécution de la mesure, il est donc singulièrement désirable que l'échelle de la réglementation ne soit ni interrompue ni bornée dans sa continuité.

Et on atteint d'autant plus sûrement cette quasi-liberté que l'on rapproche à de moindres intervalles les divers échelons du tarif, parce que les combinaisons se multiplient tellement qu'il n'y a plus alors un intérêt suffisant à ne pas exécuter franchement et loyalement une loi à la fois libérale et intelligente.

Nous insistons d'ailleurs et d'une manière générale sur ces deux obser-

---

(76) Aucune exemption n'a certainement jamais engendré plus de mensonges à la loi.

(77) Il avait été question, par exemple, d'affranchir du pesage les messageries qui eussent satisfait à la fois aux conditions de *diamètres*, de *jantes*, et surtout de *nombre de chevaux* ci-après exprimées.

JANTES.	DIAMÈTRES		NOMBRE des chevaux.	OBSERVATIONS.	POIDS présumés.
	de derrière.	de devant.			
m.	m.	m.			k.
0.08	0.90	1.53	3	On supposait que ces attelages ne pouvaient pas excéder les poids ci-contre.	3000
0.07	0.95	1.59			
0.09	0.90	1.53	4	*Id.*	4000
0.08	1.10	1.77			
0.11	0.90	1.53	5	*Id.*	5000
0.10	1.05	1.71			

Indépendamment de la complication *de ces triples conditions*, il est évident que sur le nombre des chevaux la fraude eût été générale, continuelle.

vations qui nous paraissent suffisantes pour faire rejeter toute dérogation aux principes constitutifs du tarif.

Ces dérogations ne pourraient d'ailleurs avoir que deux objets en vue , savoir :

Ou d'accorder plus que le tarif, pour une jante déterminée ;

Ou de rester comme largeur de jantes au-dessous du minimum admis à l'échelle de réglementation.

A la première de ces demandes , nous opposerons les chiffres mêmes aussi rationnels qu'avantageux , écrits au nouveau tarif ;

Avec le nouveau tarif, toute dérogation devient inutile.

A la deuxième de ces soi-disant nécessités, nous répondrons par ces deux faits :

D'une part il y a si peu de différence de poids entre une roue, soit de $0^m.06$, soit même de $0^m.07$, et une jante plus étroite, que ce devient une considération sous le point de vue de la pesanteur du véhicule qui est tout à fait sans valeur.

On sait en effet que les *moyeux* et les *rais* sont identiques , qu'on pourrait même alléger la jante , et que tout se réduit au poids même de la bande.

On a vu encore que pour chaque centimètre de moindre largeur , les roues de messageries ne différaient de poids entre elles que de 10 kil. environ ; et qu'une différence de $0^m.03$ de largeur de jantes ne produisait pour les roues du gros roulage que 50 kilogrammes par roue, de telle sorte que chaque centimètre répond , par roue, de 16 à 17 kil. au plus, même dans les conditions d'une charge toujours pleine , et d'un maximum de fatigue.

D'une autre part les roues d'exploitation et d'agriculture , même les plus petites en dimension, doivent avoir des jantes de $0^m.07$, pour être dans des conditions convenables de résistance.

Et si l'on pouvait en douter, nous consignons ici que dans notre dernière inspection du Puy-de-Dôme , nous avons pris les dimensions du modèle le plus usuel *des chars à bœufs*, de ce véhicule, qui même dans les pays de montagnes, occupe une des dernières places, comme dimensions, dans l'échelle des divers moyens de transport de l'agriculture, et pour des roues de $1^m.06$ de diamètre, nous avons cependant reconnu que la largeur de la jante était de $0^m.07$.

Une seule et même mesure pour toutes les voitures quelles qu'elles puissent être , *le chargement ;* un seul et même mode de vérification , *le pesage*, c'est-à-dire une simple opération de balance, telle doit être la règle invariable de la nouvelle réglementation.

Une seule mesure, *le chargement*, une règle uniforme pour tous, *le pesage*, tel est le résumé de la nouvelle réglementation.

Par cela même la fraude deviendra aussi inutile qu'impossible, et l'application de la loi sera aussi simple que complète (78).

---

(78) On a exprimé la crainte que les préposés ne vinssent à abuser de la faculté qui va leur être donnée , de peser toutes les voitures.

Mais il est peut-être bien plus à craindre que ce devoir ne soit que trop souvent négligé, et quant à l'abus, l'administration saura, au besoin, ramener dans les limites raisonnables l'exercice du droit.

CHAPITRE XVI.

RÉSUMÉ. — PROPOSITIONS. — DERNIÈRES CONCLUSIONS.

Loi d'égale dégradation.

La présente réglementation a pour pensée commune avec toutes celles qui l'ont précédée, de ramener pour le roulage les chargements respectifs de tous les véhicules *à la loi d'égale dégradation*, au point de vue de la conservation des routes.

Mais des faits nouveaux, nombreux, sont venus cette fois porter de vives lumières sur le mode d'action (ou de destruction, si l'on veut) et sur la mesure respective des circonstances principales qui régissent les divers véhicules en usage.

Quatre circonstances principales.

Des expériences ordonnées pour approfondir ces importantes questions, ont condamné les larges jantes.

Ces expériences ont démontré, au contraire, que les jantes les plus étroites, pourvu que le chiffre du chargement fût abaissé proportionnellement à la largeur des bandes, étaient, dans chaque catégorie, les véhicules relativement les moins offensifs pour les chaussées.

Ces expériences ont enseigné aussi qu'une circonstance trop longtemps négligée devait être prise en haute considération; que les roues à plus grands diamètres exigent moins de tirage; que par leur plus large contact, comme aussi parce qu'elles tendent à comprimer plutôt qu'à déplacer les matériaux, elles dégradent bien moins les routes; et des observations spéciales sont en effet venues établir qu'on pouvait, à jantes égales, accorder plus aux grands diamètres, et qu'on devait restreindre au contraire le chargement des petites roues.

Enfin, des expérimentations comparatives ont démontré que, sous le rapport de la dégradation des chaussées, la suspension venait compenser le trot, et que dès lors le roulage suspendu au trot devait être assimilé au roulage au pas.

Tels sont *les quatre faits importants* qui apparaissent pour la première fois, en quelque sorte, à la législature, pour servir de guides désormais dans la discussion sur la police du roulage.

On a cru devoir en conclure :

Jantes.

1° Qu'il fallait effacer les jantes de 0^m.17 du nouveau tarif;

Qu'il était même rationnel de borner le tarif normal à la jante de 0^m.12, comme maximum de largeur, sauf à laisser, par des considérations administratives, à la jante de o^m.14, les avantages dont elle jouit aujourd'hui, mais en dehors du tarif dicté par les expériences ;

Que les jantes étroites devaient, au contraire, être introduites au tableau de la réglementation, à partir de o^m.o6, parce que précisément des expériences très-satisfaisantes ont été faites *sur les jantes même de* o^m.o6.

Que les jantes entre o^m.o6 et o^m.12 devaient, du reste, être mises à l'entière disposition du commerce ;

Et qu'à cet effet, il fallait étager, au tarif, les largeurs de jantes de centimètre en centimètre ;

Qu'on devait, du reste, ne pas s'écarter de la loi du chargement proportionnel aux largeurs de jantes, parce que telle était la condition sous laquelle les jantes étroites peuvent et doivent être admises ;

2° Qu'il fallait offrir des primes puissantes aux grands diamètres ;

Que, comme classification, il semblait suffisant de s'en tenir à quatre classes de petites roues répondant à quatre classes également de grandes roues, savoir :

	m.	m.	m.	m.
Petites roues.	1.00	1.16_7	1.33	1.5o
Grandes roues.	1.66_7	1.883	2.00	2.155

Qu'il était seulement convenable, comme système de transition, de former une cinquième classe de toutes les voitures à plus petits diamètres, en limitant leur chargement à un taux moindre d'un cinquième pour les charrettes, et d'un quart pour les chariots, que pour la classe la moins favorisée des diamètres classés ;

3° Que dès lors un tarif basé sur la double proportionnalité et par rapport aux diamètres des roues, et par rapport aux largeurs de jantes, semblait tout à fait motivé.

Mais il restait à fixer une première unité de départ pour la charge d'une zone convenue de jantes et répondant à une roue d'un diamètre déterminé.

On a choisi pour zone de comparaison la zone d'un centimètre de largeur de bande.

On a cru pouvoir déduire des opinions jusque-là émises, comme des faits nouvellement acquis, qu'il fallait adopter pour unité de chargement le chiffre de 125 kilogrammes par zone de o^m.o1 pour les plus petites roues de charrettes de 1^m.667.

Ce chiffre répondait aux opinions les plus avancées comme liberté à accorder au commerce.

Les expériences l'avaient signalé comme n'ayant produit que de faibles

17

dégradations, et, au contraire, les chargements plus forts avaient accusé des détériorations tout à fait notables.

Ce chiffre se trouvera d'ailleurs élevé de *un douzième*, pour les jantes étroites (*), par la seule tolérance d'un demi-centimètre sur la largeur des bandes.

On ne peut pas non plus perdre de vue que la permission due à la chute d'une voiture retombant de 0^m.06 seulement (dimension comme grosseur du cassage actuel des matériaux d'entretien) répond à *une pression triple* du poids entier du chargement de la roue (**).

Enfin, cette unité (125 kilogrammes) donne précisément comme tarifs les mêmes chiffres moyens que les tarifs d'été et d'hiver de 1837 et 1838 (***).

Seulement, comme il résultait de la parfaite concordance même du tarif proposé avec la réglementation de 1837, que les plus petits diamètres des roues pour les jantes de 0^m.11 et de 0^m.14, auraient été déshérités des avantages dont ils avaient joui jusqu'à présent, on a réservé, en dehors du tarif et par une clause spéciale, le droit à toute jante de 0^m.11 et de 0^m.14, quel que fût le diamètre de la roue, de porter en été le même chargement exprimé à l'ordonnance de 1837.

Deux lois exactes de proportionnalité, par rapport aux diamètres, et par rapport aux largeurs de bandes. On se rappelle que la formule qui donne tous les chiffres du nouveau tarif proposé, se compose d'un seul terme d'une extrême simplicité.

Nous ne reviendrons pas sur l'heureuse condition du tableau proposé, de ne contenir que des chiffres exacts, c'est-à-dire, d'être la rigoureuse expression des deux lois de proportionnalité adoptées ;

Comme aussi d'offrir une parfaite continuité d'équidifférence entre deux chiffres consécutifs, ou de la même colonne, ou de la même ligne horizontale.

Toutes ces conditions dérivent, on le sait, du choix tant de l'unité de départ que des coefficients qui règlent l'échelonnement des diverses unités de chargement correspondantes aux différents diamètres.

Nous insisterons cependant sur l'importance d'avoir une série continue à égale différence répondant à une même mesure usagère d'atelier (79), tant pour les petites que pour les grandes roues, et sur la propriété (qui en est la conséquence) pour le tableau ainsi dressé, de tarifer à la fois toutes les combinaisons possibles, deux à deux, des roues d'arrière-train et des roues d'avant-train.

Trot et suspension. Nous avons motivé l'assimilation complète, avec même tarif, du roulage suspendu ou des fourgons *au trot* avec le roulage non suspendu au pas.

Seulement, nous avons proposé de n'accorder d'abord cette faveur au rou-

---

(*) *Page* 70.
(**) *Pages* 70 à 71.
(***) *Page* 54.
(79) Ici 0^m.167 ou un demi-pied métrique.

lage suspendu que jusqu'à la jante de o^m.10 inclusivement, c'est-à-dire pour des poids fixés, au maximum, à 55oo kilogrammes pour un fourgon à quatre roues.

Nous avons à ce sujet traité, dans un chapitre spécial pour le roulage au pas, la question importante de la division des charges, de la suppression des larges jantes de o^m.17, des avantages appartenant au contraire aux jantes étroites pour l'allégement et la conservation des routes.

Les opinions émises et unanimes à ce sujet, les expériences faites en 1829, l'intérêt des routes et de la marchandise, les chargements à grandes saillies en dehors des voitures, les accidents à craindre, tout se réunit pour condamner les chargements de masses, et pour faire valoir, en opposition, les carrioles à un cheval comme charrette, et les comtois comme chariots.

C'est une des plus profondes convictions du soussigné, et c'est d'abord à ce point de vue que le nouveau tarif doit assurer à la conservation des routes, à leur plus libre parcours, à la moindre crainte d'accidents pour toutes les voitures en circulation, des avantages inappréciables.

Mais c'est surtout en soumettant le nouveau système de tarif à l'épreuve commerciale, c'est-à-dire en recherchant quelle en sera l'influence sur les prix de revient des transports, que la question s'agrandit et qu'on peut lire l'avenir, la portée de la nouvelle réglementation.

Nous avons, à ce sujet, étudié profondément, nous osons le dire, les mouvements actuels de l'industrie du transport, et même les mouvements possibles aujourd'hui, comme aussi la liberté d'action que viendra créer pour l'avenir la réglementation projetée.

Nous avons établi nos calculs sur les faits les plus habituels et les plus certains, sur les chiffres mêmes des marchés authentiques passés entre les entrepreneurs de transport et les relayeurs, et qui régissent aujourd'hui pour toute la France le roulage continu, par relais et à jour fixe.

Nous avons appliqué notre méthode et nos bases de calculs à la réglementation de 1837, et nous sommes retombé précisément sur les faits tels qu'ils se poursuivent et comportent sur toutes les routes de France.

Nous avons en effet trouvé, dans la prohibition même de la réglementation d'aujourd'hui, l'explication de la préférence donnée jusqu'à ce jour aux chargements de masses, chaque fois que le seul petit chargement autorisé, la carriole ou le comtois, n'était pas possible.

Et par cela même que désormais, au contraire, des combinaisons seront accordées au commerce, en nombres tellement multipliés qu'elles valent une liberté presque entière, et qu'aucune sujétion ne viendra plus restreindre ou gêner les attelages, que la réglementation se réduira en effet à *une échelle de poids* correspondant *aux diamètres et aux jantes*, par cela même aussi on pourra employer utilement toute la force tractive disponible, suivant les coupes les plus économiques que pourra imaginer l'industrie, et l'industrie du transport sera libre d'appeler à son aide, soit la ressource si précieuse du crochetage sur la voiture de tête dans les rampes à pentes faibles, soit le doublage ou les chevaux de renfort dans les pentes longues et rapides.

Aussi le tableau de nos calculs apprend-il que c'est précisément dans les combinaisons, aujourd'hui interdites, que vont se trouver les abaissements de prix les plus marqués.

Que l'attelage d'une charrette de $0^m.09$ et d'une carriole à la suite, et que surtout l'attelage d'un chariot de $0^m.08$ avec un comtois à la suite, produiront sur les prix actuels des diminutions de frais de traction qui, pour les charrettes, s'élèveront à *dix*, et qui, pour les chariots, pourront atteindre jusqu'à *vingt pour cent.*

Le gros roulage, les chargements même autorisés par le nouveau tarif pour les jantes relativement larges de $0^m.12$, par exemple, se subdiviseront donc sur des charrettes et surtout sur des chariots à jantes étroites, et nous avons fait ressortir les avantages commerciaux attachés à cette division des charges, à cet emploi presque exclusif des véhicules à faibles chargements, à ces départs et échanges presque journaliers, à cette reproduction des capitaux, sous un régime de périodes aussi courtes que rapprochées, à la certitude enfin de voir aussi se multiplier la concurrence, presque impossible avec le système de roulage avec chargement de masses.

: Messageries.

Après cette double justification de la réglementation proposée pour le roulage, nous avons dû examiner ce qu'il convenait de faire à l'égard des messageries.

Ici, des considérations d'un ordre tout différent ont dû être présentées; d'une part; un chiffre de chargement nécessaire, vital pour cette industrie; et, d'une autre part, la sécurité du voyageur, la plus grande vitesse dans les transports; telles sont les questions qui ont surtout appelé notre attention.

Nous avons démontré que le chiffre de 4 400 k., aujourd'hui accordé, ne pouvait être réduit.

Nous avons établi que, dans l'intérêt de la sécurité des voyageurs, les voitures publiques étaient condamnées, quelque tirage qui pût en résulter, à n'employer que des roues à petits diamètres.

Dans l'intérêt de la vitesse, nous avons seulement proposé de déférer au vœu unanime qui demande la réduction à $0^m.10$ de la largeur des roues des messageries.

Nous avons ainsi été conduit à appliquer pour les voitures publiques la

colonne des tarifs du roulage suspendu qui présente pour la jante de o^m.10,
le chiffre le plus rapproché de 4400 k.

Cette colonne répond précisément aux chiffres moyens de tout le tarif du
roulage suspendu ou non.

Elle suppose le poids par zone de o^m.01 réglé à 112^k.50.

Elle donne, pour la jante de o^m.10 des messageries à quatre roues, le
chiffre = 4500 k.

Nous avons adopté également la colonne correspondante dans les tarifs des
voitures à deux roues du roulage suspendu, pour être la mesure de la réglementation des messageries à deux roues.

Ces deux tarifs sont échelonnés de centimètre en centimètre, à partir de
et y compris la jante de o^m.06 jusqu'à la jante de o^m.10 inclusivement.

Dans un chapitre à part, nous avons enfin insisté pour qu'en droit, l'on
effaçât de la loi, et partant, pour que l'on interdît en fait, *le roulage non
suspendu, au trot,* comme un mode de transport aussi fâcheux pour les marchandises, qu'intolérable, par suite des forces vives et destructives dont il
est la source inévitable au préjudice des chaussées.

Et seulement, pour faire face aux nécessités actuelles du transport du poisson, du fruit et du lait, on a placé ces denrées de consommation au nombre
des exceptions, et avec le droit d'être transportées au trot ou au pas avec ou
sans suspension.

Enfin, une question nouvelle, mais aussi d'un intérêt considérable pour
l'industrie du transport, a dû être l'objet des investigations les plus éten-
dues.

Il s'agissait de choisir entre le maintien, d'une part, d'un double tarif, à
chiffres plus restreints pour l'hiver, et à chiffres plus élevés pour l'été, et
l'innovation, d'une autre part, d'un seul et même tarif, tant pour la belle
que pour la mauvaise saison.

Nous avons signalé comme antécédent que les messageries n'avaient été régies que par un tarif unique de 1806 à 1837.

Nous avons interrogé les usages, les nécessités du commerce, et nous
avons reconnu que l'industrie du transport avait saisi la circonstance fortuite
de la valeur, presque la même, en poids :

1° Du *chiffre d'été* de la bande de o^m.11 avec le *chiffre d'hiver* de la bande de o^m.14
2° Du *chiffre d'été* de la bande de o^m.14 avec le *chiffre d'hiver* de la bande de o^m.14

pour baser tous ses marchés de relayeurs, pour organiser tous ses mouvements, *d'après un poids constant, été et hiver.*

Nous avons dû faire remarquer que les marchés de messageries avec les maîtres de poste sont également établis *d'après un poids constant* (de 4600 kilog.) été et hiver ;

C'est-à-dire *qu'en fait* tous les transports les plus réguliers s'opèrent sous cette condition commerciale d'un poids constant, été et hiver, ou autrement dit, le commerce a remplacé par *un tarif unique* les deux chiffres de la réglementation.

Nous avons vu que pour obtenir cette condition, l'industrie n'a point reculé devant le sacrifice considérable d'un double matériel de roues, bien que ce sacrifice répondît, pour le roulage entier en France, et en ne calculant que sur la situation de cette industrie en 1828 (rapport de M. Brisson), à un capital mort de 9 000 000 fr. et à un impôt annuel, pour entretien, de 2 500 000 fr.

Nous avons ajouté que cependant là ne se bornait pas la charge que cette détermination imposait à l'industrie du roulage :

Que cette substitution de roues lui coûtait encore, par voiture, 100 k. de poids utile pendant les 137 jours de mauvaise saison, et que cette perte, pour une distance de 470 kilomètres, de Paris à Lyon ou à Strasbourg, par exemple, représentait, pour un mouvement de 100 tonnes par jour, une diminution sur la recette brute, et par année, de 110,000 fr.

Et cependant, nous nous sommes parfaitement expliqué cette détermination unanime du commerce.

Nous avons vu, en effet, que, d'une part, c'est sur le chargement possible en été que peuvent seulement s'asseoir les calculs sur le roulage ;

Que, d'une autre part, en hiver il se trouve plus de marchandises à transporter, de sorte que, bien loin de diminuer les poids d'hiver, on aurait besoin de les augmenter ;

Que, d'ailleurs, la plus grande force nécessaire en hiver a peu d'influence sur le prix moyen de toute l'année, parce que les chevaux sont alors inoccupés et partant moins chers ;

Que c'est, en conséquence, de toutes les combinaisons celle qui assure, au prix le plus avantageux, le plus grand mouvement de marchandises avec un nombre déterminé de voitures, et sans avoir jamais une partie de l'année, en magasin, et au repos, des voitures inoccupées.

Et nous avons proposé de consacrer cet état de choses, ces nécessités, *par un tarif unique pour toute l'année*, ce qui maintiendra à l'industrie des transports la condition du poids constant, en l'affranchissant toutefois du double matériel de roues que la réglementation actuelle lui impose.

Trois questions, bien que de second ordre, restaient à examiner pour compléter la discussion du tarif, savoir :

Les tolérances à accorder. — Les restrictions au droit des routes à barrières de dégel. — Les exemptions.

Nous avons repoussé la tolérance proportionnelle comme ne répondant pas, d'une part, rationnellement aux éventualités qu'on veut balancer, et comme, d'une autre part, favorisant les jantes larges, lorsque, au contraire, ce sont les jantes étroites qui, d'après les faits observés, devraient plutôt faire fléchir en leur faveur la loi des chargements proportionnels aux jantes. Tolérance de poids.

La tolérance fixe nous a paru, au contraire, tout à fait convenable pour couvrir toute espèce d'éventualité et pour modifier à volonté, au profit des jantes étroites, la loi de proportionnalité aux largeurs des bandes.

La tolérance pour les charrettes nous a paru devoir être fixée à 200 k. et par des considérations qui sont particulières à la charrette même, et parce que cette addition de 200 k. se trouve jouer un rôle important, comme poids utile, dans l'épreuve commerciale.

Nous pensons que pour les chariots la tolérance est loin d'être aussi nécessaire, mais que néanmoins, pour balancer les éventualités du bâchage, de la pluie, de la boue, de la neige et des glaces, ou peut aussi en fixer le chiffre à 200 k.

Pour les messageries, nous proposons de maintenir la tolérance actuelle de 200 k.

Nous laissons, du reste, la tolérance comme largeur de jantes fixée à un demi-centimètre. Tolérances de jantes et de diamètres.

Et nous proposons de porter au chiffre de cinq centimètres la tolérance pour la dimension des diamètres.

Une dernière tolérance, que nous appelons *de non-déchargement avec amende*, a pour objet d'éviter au commerce les frais considérables et les avaries coûteuses qui peuvent résulter du déchargement d'un colis, lorsque cependant la surcharge est peu considérable. Tolérance de non-déchargement avec amende.

Nous avons seulement proposé de borner à 400 k. l'effet de cette tolérance, parce que, passé cette limite, il y aurait, selon nous, négligence coupable, et que, d'une autre part, il ne serait pas raisonnable de laisser circuler, même avec amende, des chargements par trop en dehors du tarif normal.

Quant aux réglementations qui régissent aujourd'hui les routes à barrières de dégel, nous avons fait ressortir l'insuffisance des tarifs actuels. Routes à barrières de dégel.

Et nous avons motivé et proposé de porter, sans aucune tolérance, à 900 k. le poids des charrettes, à 2400 k. le poids des chariots et des fourgons, et à 3000 k. le poids des voitures publiques à quatre roues qui porteraient exclusivement des voyageurs.

Mais nous avons assujetti ces concessions à la condition que toutes ces voitures, pendant la fermeture des barrières de dégel, fussent astreintes à se servir exclusivement de jantes de $0^m.12$;

De même que les chariots et fourgons à quatre roues devront, selon nous, satisfaire aux conditions de diamètres exprimées au tableau n° 4.

Nous avons encore insisté pour que la vérification des poids des messageries se fît plus facilement et avec le secours d'une estampille qui indiquerait le poids de la voiture vide.

L'administration aura, du reste, à peser dans sa sagesse la proposition que nous avons faite de ne rien mentionner à la loi comme chiffre de chargement, et de renvoyer purement et simplement les routes à barrières de dégel à être régies par voie de règlements d'administration publique.

Enfin nous avons terminé notre rapport par les considérations qui nous paraissent militer pour que, *sauf les exceptions* par nature même de transport (80), il ne soit admis *aucune exemption* dans l'échelle même de la réglementation.

Ces exemptions seraient, en effet, non-seulement inutiles, puisque le nouveau tableau de la réglementation embrasse tous les diamètres, toutes les jantes possibles ; mais elles seraient surtout regrettables parce qu'elles viendraient vicier le principe si juste et si simple de la proportionnalité du chargement, principe qui a pour si heureuse conséquence une liberté illimitée dans les attelages (81).

PROPOSITIONS.

Nos propositions sont donc les suivantes :

1° Adoption du tarif, n° 1, pour le roulage non suspendu au pas.

Ce tarif est basé :

D'une part sur la loi de proportionnalité aux jantes, et sur la loi de proportionnalité aux diamètres ;

D'une autre part, sur la fixation à 125 kilog. de l'unité de chargement par zone d'un centimètre de largeur de bande, pour la roue de 1^m.667 de diamètre, ou de 75 kilog. pour la roue du diamètre de 1^m.00.

Ce tarif est limité entre les jantes de 0^m.06 et de 0^m.12 inclusivement ; comme largeurs de jantes, il est échelonné de centimètre en centimètre.

Ce tarif suppose quatre classes de diamètres pour les grandes roues, et

Exceptions et exemptions,

Propositions.

---

(80) Voitures particulières de voyageurs. — Marayeurs pour poisson. — Transports militaires.

(81) Les tableaux joints au chapitre commercial font ressortir le rôle capital que joue toujours et constamment avec abaissement de prix, l'attelage de deux voitures conduites par un seul charretier, et qui se compose d'abord d'une voiture de tête attelée de un, de deux et même de trois chevaux, et d'une petite voiture à un cheval à la suite.

La proposition d'inscrire cette permission à la loi, fait partie d'un cahier d'observations de détails qui a été également discuté par la commission, en dehors du présent rapport.

quatre classes de diamètres pour les petites roues ; ces huit classes de diamètres présentent une série continue :

POUR LES PETITES ROUES.	POUR LES GRANDES ROUES.	OBSERVATIONS.
$1^m.00$ $1^m.167$ $1^m.333$ $1^m.50$	$1^m.667$ $1^m.833$ $2^m.00$ $2^m.155$	

La différence entre deux classes consécutives de roues répond à la dimension élémentaire ($0^m.167 =$ un demi-pied métrique) la plus usagère dans les ateliers de charronnage ;

2° Réserve en dehors dudit *tarif* n° 1, des poids d'été de la réglementation de 1837, en faveur des jantes de $0^m.11$ et de $0^m.14$; savoir :

Voitures à 2 roues. . . . { Jantes de $0^m.11$ — $3.200^k.$
{ Jantes de $0^m.14$ — 4.100

Voitures à 4 roues. . . . { Jantes de $0^m.11$ — 5.200
{ Jantes de $0^m.14$ — 6.700

3° Adoption du même tarif reproduit *sous le* n° 2, mais limité entre les jantes de $0^m.06$ et $0^m.10$, pour le roulage suspendu au trot ;

4° Adoption *du tarif* n° 3, limité entre les jantes de $0^m.06$ et de $0^m.10$ pour les messageries, sans distinction de diamètre, et à raison de $112^k.50$ par centimètre de largeur de bande ;

5° Un tarif unique pour chacune des catégories sus-mentionnées et pendant toute l'année.

Ainsi *les tarifs* n° 1, n° 2 *et* n° 3, seront, à la fois, et tarif d'hiver et tarif d'été.

6° Aucun tarif, aucune permission pour le roulage non suspendu au trot ;

Avec report seulement, dans les exceptions, des transports du poisson, du fruit et du lait ;

7° Tolérance de cinq centimètres pour les diamètres.

Tolérance d'un demi-centimètre pour les largeurs de jantes ;

8° Tolérance fixe de 200 kilog. pour toute voiture à deux et à quatre roues, suspendue ou non, soit de roulage, soit de messageries ;

9° Tolérance de 400 kilog. sans déchargement, mais avec amende pour toutes les classes de voitures ;

10° Autorisation de porter sur les routes à barrières de dégel, et pendant la fermeture desdites barrières, à 2,400 kilog. (sans aucune tolérance), le chargement, véhicule compris, des voitures publiques et fourgons portant ensemble ou séparément voyageurs avec bagages et marchandises, mais avec des jantes de $0^m.12$, et avec les diamètres de roues détaillés *au tarif* n° 4.

18

Permission, sur les mêmes routes, d'élever à 3,000 kilog., sans aucune tolérance, le chargement, véhicule compris, des voitures publiques qui porteraient exclusivement des voyageurs sans bagages ni marchandises ; mais toujours avec des jantes de o^m.12.

Obligation pour les voitures publiques d'être estampillées pour accuser le poids de la voiture à vide, et de voir leur chargement déterminé par le nombre même des voyageurs, conducteurs et postillons, à raison de 75 kilog. par personne.

Examen avant tout de la question de savoir si la réglementation des routes à barrières de dégel ne doit pas rester en dehors de la loi pour être régie par voie de *règlements d'administration publique*.

11° *Des exceptions* nettes et tranchées par nature de transports :

Telles que les voitures particulières pour voyageurs. — Les marayeurs pour poisson. — Les transports militaires.

12° Mais *aucune exemption*, aucun affranchissement de pesage dans l'é-chelle même de la réglementation, sous quelque forme, sous quelque prétexte que ce puisse être.

DERNIÈRES CONCLUSIONS.

Dernières conclusions.

Nous résumons en quelques mots le but, l'esprit, les résultats de la ré-glementation étudiée :

Émancipation du petit roulage ;

Liberté illimitée des attelages ;

Affranchissement des pays les plus pauvres, les pays de montagnes ;

L'industrie du transport délivrée de toute entrave ;

Le commerce entier de France doté d'un moindre prix dans tous ses mouvements ;

Les routes aussi allégées et à toujours, non-seulement, par le texte de la loi, des chargement de masses de o^m.17, mais encore, *en fait*, et par la volonté du roulage, des chargements de o^m.14 et même de o^m.12.

Et le tout sans violence, sans secousses, par la simple réaction d'une li-berté modérée et intelligente, appelée seulement par des primes puissantes dans une voie déjà frayée par la seule combinaison libre jusqu'alors (la voi-ture à un cheval).

Et cette nouvelle réglementation, à force d'être vraie, jouit déjà, avant même d'être essayée, d'une faveur pour ainsi dire populaire.

C'est presque comme si on avait le bonheur de revenir *à une loi de nature*, tant abondent de toutes parts, et sous quelque face qu'on envisage cette sorte de révolution, *routes*, *industrie*, *commerce*, *consomma-tion*, *prospérité locale*, *ou richesse publique*, les plus heureuses, les plus frappantes harmonies (82).

Paris, le 5 décembre 1841.

L'Inspecteur divisionnaire des ponts et chaussées,
secrétaire rapporteur,

H. C. EMMERY.

---

(82) En présence de tels résultats, l'équité veut plus que jamais que chacun ait la part qui lui appartient.

Bien que les expériences faites par M. Raucourt aient, selon nous du moins, peu avancé la question proprement dite de la police du roulage, nous prenons néanmoins l'engagement personnel de leur donner, dans les *Annales des ponts et chaussées*, une complète publicité; c'est un devoir que nous serons heureux d'ailleurs d'acquitter, pour honorer la mémoire de notre camarade.

Mais il faut, avant tout, rendre une haute justice :

1° Aux premières expériences de 1833-1834 de M. Dupuit; à la sagacité et à la portée (notamment en ce qui concerne la double question des jantes et des diamètres) du mémoire imprimé en 1837 par cet ingénieur.

2° Aux expériences de 1837-1838 de M. Morin; aux instruments perfectionnés et aux méthodes judicieuses d'observations qui lui sont dus; au programme formulé par lui, pour la première fois sur une grande échelle, dans le but de mesurer l'influence respective des diamètres, des jantes, du trot, de la suspension; au zèle et au mérite dont M. Morin a donné tant de preuves en 1839, 1840 et 1841, pour mener à utile fin ces grandes et décisives expérimentations.

TARIFS PROPOSÉS.

TARIF Nº 1. *Roulage non suspendu au pas.*

CHARRETTES.

DÉSIGNATION des jantes.	RÉGLEMENTATION PROPOSÉE.				
	m. $D < 1.667$	m. $D = 1.667$	m. $D = 1.833$	m. $D = 1.999$	m. $D = 2.155$
mèt.	k.	k.	k.	k.	k.
0.06	1200	1500	1650	1800	1950
0.07	1400	1750	1925	2100	2275
0.08	1600	2000	2200	2400	2600
0.09	1800	2250		2700	2925
0.10	2000	2500	2475	3000	3250
0.11	2200	2750	2750	3300	3575
0.12	2400	3000	3025	3600	3900
0.13			3300		
0.14					
0.15					
0.16					
0.17					
Et par zone de 0ᵐ.01..	k 100	k. 125	k. 137.50	k. 150	k. 162.50

Tolérance = 200 k.

CHARIOTS.

DÉSIGNATION par jantes.	RÉGLEMENTATION PROPOSÉE.				
	m. $D < 1.667$ $d < 1.00$	m. $D = 1.667$ $d = 1.0$	m. $D = 1.833$ $d = 1.167$	m. $D = 2.0$ $d = 1.333$	m. $D = 2.155$ $d = 1.50$
mèt.	k.	k.	k	k.	k.
0.06	1800	2400	2700	3000	3300
0.07	2100	2800	3150	3500	3850
0.08	2400	3200	3600	4000	4400
0.09	2700	3600	4050	4500	4950
0.10	3000	4000	4500	5000	5500
0.11	3300	4400	4950	5500	6050
0.12	3600	4800	5400	6000	6600
0.13					
0.14					
0.15					
0.16					
0.17		Unité par train.			
	k.	k.	k.	k.	k.
Et par zone de 0ᵐ.01 { P=100	125	137.50	150	162.50
{ p= 50	75	87.50	100	112.50

Unité composée et réduite $\dfrac{P+p}{2}$.

k.	k.	k.	k.	k.
75	100	112.50	125	137.50

Tolérance = 200 k.

Réserve en faveur des jantes de 0ᵐ.11 et de 0ᵐ.14.

Les jantes de 0ᵐ.11 et de 0ᵐ.14 conserveront le droit, quel que soit le diamètre des roues, de porter, du 1ᵉʳ avril au 20 novembre, savoir :

	Jante de 0ᵐ·11.	Jante de 0ᵐ.14.
Pour les charrettes.	3200 k.	4100 k.
Pour les chariots.	5200	6700

TARIF Nº 2. *Roulage suspendu au trot.*

VOITURES A DEUX ROUES.

DÉSIGNATION des jantes	RÉGLEMENTATION PROPOSÉE.				
	m. $D < 1.667$	m. $D = 1.167$	m. $D = 1.833$	m. $D = 1.999$	m. $D = 2.155$
mèt.	k.	k.	k.	k.	k.
0.06	1200	1500	1750	1800	1950
0.07	1400	1750	1925	2100	2275
0.08	1600	2000	2200	2400	2600
0.09	1800	2250	2475	2700	2925
0.10	2000	2500	2750	3000	3250

Tolérance = 200 k.

VOITURES A QUATRE ROUES.

DÉSIGNATION des jantes.	RÉGLEMENTATION PROPOSÉE.				
	m. $D < 1.667$ $d < 1.00$	m. $D = 1.667$ $d = 1.0$	m. $D = 1.833$ $d = 1.667$	m. $D = 2.0$ $d = 1.333$	m. $D = 2.155$ $d = 1.50$
mèt.	k.	k.	k.	k.	k.
0.06	1800	2400	2700	3000	3300
0.07	2100	2800	3150	3500	3850
0.08	2400	3200	3600	4000	4400
0.09	2700	3600	4050	4500	4950
0.10	3000	4000	4500	5000	5500

Tolérance = 200 k.

TARIF N° 3. *Messageries et voitures à voyageurs.*

MESSAGERIES A DEUX ROUES.	MESSAGERIES A QUATRE ROUES.
mèt. kilog. Jantes de 0.06. . . . . . 1650 de 0.07. . . . . . 1925 de 0.08. . . . . . 2200 de 0.09. . . . . . 2475 de 0.10. . . . . . 2750 Tolérance = 200 kilog.	mèt. kilog. Jantes de 0.06. . . . . . 2700 de 0.07. . . . . . 3150 de 0.08. . . . . . 3600 de 0.09. . . . . . 4050 de 0.10. . . . . . 4500 Tolérance = 200 kilog.

TARIF n° 4. *Routes à barrières de dégel.*

Nota. Pendant la fermeture des barrières la circulation n'est permise qu'aux jantes de 0ᵐ.12 et au-dessus.

Il n'est accordé aucune tolérance en sus des chiffres de chargement ci-après exprimés :

1° *Roulage.*	A 2 roues.	A 4 roues.
Voitures à deux roues.	900 kil.	»
Voitures à quatres roues. . . . . { $D = 1^{m}.667$ et $d = 1^{m}.00$.	»	1920 kil.
$D = 1$ .833 et $d = 1$ .167.	»	2160
$D = 2$ .00 et $d = 1$ .333.	»	2400
2° *Messageries*	A 2 roues.	A 4 roues.
Avec bagages et marchandises.	900 kil	2400 kil.
Chargées exclusivement de voyageurs, sans marchandises , sans bagages.	»	3000

AVIS DE LA COMMISSION.

La Commission, après avoir pris une connaissance approfondie du rapport qui précède , et après en avoir discuté toutes les parties dans ses séances des 3o novembre, 5 , 8 , 12 , 15, 16, et 19 décembre 1840 , sous la présidence de M. le sous-secrétaire d'état aux travaux publics ;

Tout en appréciant l'intérêt des expériences faites , et le mérite de la parfaite rationalité des tarifs présentés. ;

Tout en s'associant encore à la pensée de ne s'éloigner que par exception de la loi de proportionnalité à la largeur des jantes , comme aussi de donner aux grands diamètres des roues , les primes les plus significatives ;

Tout en insistant surtout sur la double nécessité de favoriser la division des charges , d'encourager les petits véhicules , comme également de restreindre beaucoup la faveur jusqu'à présent accordée aux larges jantes , et de proscrire les *chargements de masses* ;

La Commission pense néanmoins qu'il ne faut pas perdre de vue les considérations suivantes :

Lorsqu'une question aussi vaste , aussi importante que celle du roulage vient à se présenter sous un jour tout nouveau en quelque sorte, il est certainement au nombre des devoirs de l'administration de ne pas rester en arrière , de hâter même autant qu'il est en elle les progrès et les améliorations.

Mais d'un autre côté la sagesse veut que la transition soit préparée de manière à éviter toute secousse, toute perturbation , tout danger.

Ainsi tout semble, au point de vue des routes , militer en faveur des jantes étroites , et cependant la Commission croit prudent de ne pas marcher trop vite dans cette voie, de ne descendre la réglementation proportionnelle que jusqu'à la jante de $0^{m}.07$ inclusivement , d'interdire même la jante de $0^{m}.06$ avec charrettes ; et de n'autoriser le chariot de $0^{m}.06$ que sous la condition de ne pas dépasser un maximum de 1800 kil.

Ainsi rien n'est plus rationnel encore , par suite de la concordance même du tarif proposé au rapport et du tarif de 1837, que de voir les plus petits diamètres moins bien dotés en chargement que les chiffres moyens de l'ancienne réglementation , et cependant dans la crainte de blesser des habitudes prises, de compromettre des intérêts engagés, surtout dans l'impossibilité où l'on se trouve d'appeler par une enquête nouvelle toutes les parties intéressées à s'expliquer (puisque l'on retarderait par ces formalités la présentation d'une loi si nécessaire, si impatiemment attendue), la Commission pense qu'il faut s'en tenir à offrir une prime pour les plus grands diamètres, sans frapper les petits diamètres d'aucune autre défaveur.

La Commission regrette sûrement d'abandonner les rapports rationnels qui étaient si bien justifiés au rapport, entre les chargements respectifs de la charrette et du chariot, mais elle pense devoir sacrifier ces considérations, qu'elle appellera de second ordre, à la condition de ne rien retrancher des avantages jusqu'alors acquis à toutes les voitures sans exception, quel que puisse en être le diamètre.

D'ailleurs, en présence de l'heureuse révolution que la nouvelle réglementation doit amener en faveur des petits chargements, il paraît prudent de laisser agir seuls les nouveaux avantages accordés, tant aux jantes étroites qu'aux grands diamètres, sans y joindre l'action presque coercitive d'une diminution de poids sur les diamètres, au-dessous du chiffre de $1^{m}.83$ pour les grandes roues, et de $1^{m}.00$ pour les petites roues.

Rien ne doit être moins précipité qu'une réglementation limitative, surtout lorsque l'on entre dans une voie nouvelle, lorsqu'on va mettre aux prises, en quelque sorte, et l'état de choses actuel, et des idées plus avancées pour l'avenir.

L'administration pourra faire un peu plus tard ce que la Commission croit sage de ne pas faire immédiatement en une seule et même mesure.

Le fait aura jeté alors ses vives lumières sur la faveur presque exclusive dont jouiront probablement les grands diamètres, par la seule force des choses.

Et cependant, dans la nouvelle position que prendront ou conserveront les voitures des divers roulages, des diverses exploitations, de l'agriculture surtout, si le fait vient aussi signaler des nécessités réelles, l'administration n'aura rien compromis.

Les progrès auront ainsi été préparés, une marche plus rationnelle aura été essayée, mais avec circonspection, et sans que l'administration, au moins dans les premières phases de cette transition de l'état ancien à l'état nouveau du roulage en France, ait jamais procédé autrement qu'en accordant à tous de plus larges libertés.

La Commission est en conséquence d'avis :

1° De décider qu'il n'y aura plus pour chaque catégorie de voiture qu'un tarif unique, c'est-à-dire un même tarif pour l'hiver et pour l'été ;

2° D'adopter le tarif A pour le roulage non suspendu, au pas.

En ce qui concerne les largeurs de jantes, ce tarif est échelonné de centimètre en centimètre, à partir de la jante de 0^m.07, jusques et y compris la jante de 0^m.12.

Ce tarif, en fait de diamètres, n'admet que deux catégories, tant pour les charrettes ou voitures à deux roues, que pour les chariots ou voitures à quatre roues, et suppose :

En premier lieu, *pour les voitures à deux roues*, que le diamètre de 2^m.00 aura droit à un chargement de 150 kilogrammes par zone de 0^m.01 de largeur de bande ;

Et que tous les diamètres au-dessous de 2^m.00 seront tarifés à raison de 137^k.50 par centimètre de jante.

En deuxième lieu, *pour les voitures à quatre roues*, que la combinaison d'un diamètre de 2^m.00 sur le derrière et de 1^m.15 sur le devant aura droit au chargement de 125 kilogrammes par zone de 0^m.01 de largeur de bande ;

Et que toutes les combinaisons inférieures à la précédente, soit pour l'un des diamètres, soit, à plus forte raison, pour les deux diamètres à la fois, seront tarifés à raison de 112^k.50 par centimètre de jante ;

3° De tolérer néanmoins les chariots à jante de 0^m.06, et quel qu'en soit le diamètre, mais avec la condition de ne pas excéder, véhicule compris, le chargement de 1800 kilogrammes ;

De maintenir aussi, en faveur des bandes de 0^m.14, le droit de porter un poids moyen, hiver et été :

Pour les voitures à deux roues	= 3800 kilogrammes.
Pour les voitures à quatre roues	= 6150 kilogrammes.

4° D'adopter, pour le roulage suspendu au trot, le même tarif A reproduit tableau B, mais limité entre les jantes de 0^m.07 et 0^m.10 inclusivement.

Et sauf ces amendements, la commission adopte les conclusions du rapport, et ne peut que se référer aux développements qui ont été présentés pour motiver la convenance et l'utilité des propositions 5, 6, 7, 8, 9, 10, 11 et 12 du secrétaire rapporteur.

La commission joint à son avis les formules des trois tarifs applicables, savoir :

Le tableau A, au roulage au pas ;
Le tableau B, au roulage suspendu au trot ;
Le tableau C, aux voitures publiques et messageries.

La commission fera remarquer que (sauf les exceptions exprimées aux colonnes d'observations pour les jantes de 0^m.06 et de 0^m.14) ces trois tarifs peuvent se résumer en ces termes :

Toutes les voitures à deux roues suspendues, ou non sont réglementées, à raison de
- 150^k.00 par centimètre de bande pour les diamètres *de* 2^m.00 *et au-dessus.*
- 137^k.50 par centimètre de bande également pour les diamètres *au-dessous de* 2^m.00.

Toutes les voitures à quatre roues suspendues ou non sont réglementées, à raison de
- 125^k.00 par centimètre de bande lorsque les roues auront au moins un diamètre *de* 2^m.00 *à l'arrière-train*, et *de* 1^m.00 *à l'avant-train.*
- 112^k.50 par centimètre de bande également pour toutes les combinaisons de diamètres *inférieures en dimensions à la précédente.*

La Commission fera d'ailleurs observer :

Que pour prévoir le cas, où malgré les amendements par elle apportés au rapport, quelques nécessités imprévues viendraient à se manifester lors de la mise en jeu de la nouvelle réglementation, il lui paraîtrait désirable que le tarif restât pendant plusieurs années sous le régime des ordonnances, et qu'il ne vînt à faire partie même de la loi que lorsque les bases et dispositions y relatives auraient reçu de l'expérience une sanction suffisante.

La Commission, en terminant ses travaux, regrette de ne pouvoir mentionner ici tous les ingénieurs qui, directement ou indirectement, ont concouru aux progrès qui caractérisent le nouveau projet de réglementation.

Mais elle croit de son devoir de signaler hors ligne :

Comme travaux antérieurs à 1839, les expériences de 1833 à 1834 de M. Dupuit, et les expériences de 1837 à 1838 de M. Morin.

Comme travaux postérieurs à 1839, les expérimentations si intelligentes, si éclairées et si utiles qui ont été dirigées par M. Morin pendant les trois années 1839, 1840 et 1841, ainsi que les compléments d'expériences de 1840 de M. Dupuit.

Et la commission a l'honneur en conséquence de proposer à l'administration de vouloir bien donner à MM. Dupuit et Morin des témoignages de satisfaction.

Paris, le 19 décembre 1841 (*).

Les Président et Membres de la Commission,

LEGRAND, *sous-secrétaire d'état aux travaux publics, Président;*
CAVENNE, *inspecteur général;* DEVILLIERS, MINARD, *inspecteurs divisionnaires;*
JOLLOIS, *ingénieur en chef directeur;* St-VENANT, *ingénieur ordinaire;*
EMMERY, *inspecteur divisionnaire,* secrétaire-rapporteur.

(*) MM. Tarbé et Kermaingant, inspecteurs généraux, n'ont pu assister aux séances mentionnées en tête de l'avis de la commission; M. Tarbé pour cause de maladie, M. Kermaingant pour cause d'absence.

C'est au contraire à ces mêmes dernières séances, que M. Cavenne, inspecteur général, qui ne faisait pas partie de la commission du roulage en 1839 et 1840, a été appelé extraordinairement pour prendre part aux discussions et délibérations.

147

La Commission, avant de se séparer, regarde comme un devoir de rendre hommage au talent et à la persévérance avec lesquels M. le secrétaire rapporteur a poursuivi l'accomplissement de la mission spéciale qui lui était confiée ; les nombreuses recherches auxquelles il s'est livré ont puissamment contribué à éclairer les délibérations de la Commission, et elle lui en exprime ici tous ses remercîments.

Paris, le 19 décembre 1841.

Les Président et Membres de la Commission ,

LEGRAND , *sous-secrétaire d'état aux travaux publics, Président ;*
CAVENNE, *inspecteur général ;* DEVILLIERS, MINARD, *inspecteurs divisionnaires ;*
JOLLOIS, *ingénieur en chef directeur ;* St-VENANT, *ingénieur ordinaire.*

TARIFS ADOPTÉS PAR LA COMMISSION.

TABLEAU A. *Roulage au pas.*

DÉSIGNATION des jantes.	VOITURES A DEUX ROUES.			VOITURES A QUATRE ROUES.		
	Diamètre au-dessous de 2ᵐ.00.	Diamètre de 2ᵐ.00 et au-dessus.	RÉSERVE.	DIAMÈTRE au-dessous de 2ᵐ.00 pour l'arrière-train, de 1ᵐ.00 pour l'avant-train.	DIAMÈTRES : d'arrière-train de 2ᵐ.00 et au-dessus, d'avant-train de 1ᵐ.16 et au-dessus.	RÉSERVE.
mèt.	k.	k.		k.	k.	
0.07	1925	2100	La charrette avec jantes de 0ᵐ.14 est autorisée, quel que soit son diamètre, à porter, été et hiver, un chargement de 3800 kilog., véhicule compris.	3150	3500	Le chariot avec jantes de 0ᵐ.06 est autorisé, quel que soit son diamètre, à porter, été et hiver, un chargement de 1800 kilog., véhicule compris.
0.08	2200	2400		3600	4000	
0.09	2475	2700		4050	4500	
0.10	2750	3000		4500	5000	
0.11	3025	3300		4950	5500	Le chariot avec jantes de 0ᵐ.14 est autorisé, quel que soit son diamètre, à porter, été et hiver, un chargement de 6150 kilog., véhicule compris.
0.12 et au-dessus.	3300	3600		5400	6000	
Poids par zone de 0ᵐ.01 de largeur de bande.	k. 137.50	k. 150	»	k. 112.50	k. 125	

Tableau B. *Roulage suspendu.*

DÉSIGNATION des jantes.	VOITURES A DEUX ROUES.		OBSERVATIONS.	VOITURES A QUATRE ROUES.		OBSERVATIONS.
	Diamètr. au-dessous de $2^m.00$.	Diamètre $= 2^m.00$.		DIAMÈTRE au-dessous de $2^m.00$ pour l'arrière-train, de $1^m.00$ pour l'avant-train.	DIAMÈTRES: arrière-train $= 2^m.00$, avant-train $= 1^m.16$.	
mèt.	k.	k.		k.	k.	
0.07	1925	2100		3150	3500	
0.08	2200	2400		3600	4000	
0.09	2475	2700		4050	4500	
0.10 et au-dessus.	2750	3000		4500	5000	
Poids par zone de $0^m.01$ de largeur de bande.	k. 137.50	k. 150		k. 112.50	k. 150	

Tableau C. *Voitures publiques. — Messageries.*

DÉSIGNATION des jantes.	VOITURES A DEUX ROUES	OBSERVATIONS.	VOITURES A QUATRE ROUES	OBSERVATIONS.
	d'un diamètre quelconque.		d'un diamètre quelconque.	
mèt.	k.		k.	
0.07	1925		3150	
0.08	2200		3600	
0.09	2475		4050	
0.10 et au-dessus.	2750		4500	
Poids par zone de $0^m.01$ de largeur de bande.	k. 137.50		k. 112.50	

PARIS. — IMPRIMERIE DE FAIN ET THUNOT,
IMPRIMEURS DE L'UNIVERSITÉ ROYALE DE FRANCE.
Rue Racine, 28, près de l'Odéon.

Nos d'ordre.	COMBINAISONS DIVERSES D'ATTELAGES, soit d'une voiture seule, soit de deux voitures conduites par un seul et même charretier.			TARIF ACTUEL.							Chargements autorisés.		
				Chargements autorisés.			Poids transportés.						
	Désignation des voitures.	Jantes.	Chevaux.	Hiver.	Été.	Tolérance.	Hiver, 137 jours.	Été, 228 jours.	Dans toute l'année.	Réduit par jour.	Tarif unique.	Tolérance.	De la voiture vide.
		m.		k.	k.	k.	k.	k.	k.	k.	k.	k.	k.
1	Une charrette (seule)	0 07	1	Exemption.			»	»	»	»	1800	200	57
2	Deux carrioles	0.07	1	id.			»	»	»	»	2100	200	62
3	Une charrette (seule)	0 08	2	Interdit.			»	»	»	»	2400	200	62
4	La même charrette et une carriole	0.08 0.07	2 1	id.			»	»	»	»	2400 2100	200 »	id.
5	Une charrette (seule)	0.09	2	id.			»	»	»	»	2700	200	65
6	La même charrette et une carriole	0.09 0.07	2 1	id.			»	»	»	»	2700 2100	200 »	id.
7	Une charrette (seule)	0.10	2	(Jantes de 0m.11) 2700	3200	200 (Avec tolérance de 0m.01)	Poids utiles. 1950k / Poids total en tonnes. 2670	2450k / 5580	» / 8250	2250	3000	200	70
8	La même charrette et une carriole	0.10 0.07	2 1	»	»	»	»	»	»	»	3000 2100	200 »	id.
9	Une charrette (seule)	0.11	2	»	»	»	»	»	»	2150	3300	200	75
10	La même charrette et une carriole	0.11 0.07	2 1	»	»	»	»	»	»	»	3300 2100	200 »	id.
11	Une charrette (seule)	0.12	3	2700	3200	200	»	»	»	2250	3600	200	85
12	La même charrette et une carriole	0.12 0.07	3 1	»	»	»	»	»	»	»	3600 2100	200 »	id.
13	Une charrette (seule)	0.13	3	(Jantes de 0,14) 3500	4100	200 (Avec tolérance de 0m.01)	Poids utiles. 2550k / Poids total en tonnes. 349	3150k / 718	» / 1068	2900	Interdit.		90
14	La même charrette et une carriole	0 13 0.07	3 1	»	»	»	»	»	»	»	id.		»
15	Une charrette (seule)	0.14	3	»	»	»	»	»	»	2900	id.		»
16	La même charrette et une carriole	0.14 0.07	3 1	»	»	»	»	»	»	»	id.		»
17	Une charrette (seule)	0.15	3	»	»	»	»	»	»	2900	id.		»
18	La même charrette et une carriole	0.15 0.07	3 1	(Décret de 1806) Jantes de 0m.17			Poids utiles. 3400k	4400k	»	(a)	id.		»
19	Une charrette (seule)	0.16	3	4800	5800	200 (Avec tolérance de 0m.01)	Poids total en tonnes. 465	1003	1469	4000	id.		115
20	La même charrette et une carriole	0.16 0.07	3 1	»	»	»	»	»	»	»	id.		»
	Service avec rechange de roues.								Poids constants (*).				
21	Une charrette avec rechange { Été / Hiver	0.11 0.14	2	»	»	»	»	»	2500	»	»		»
22	Une charrette avec rechange { Été / Hiver	0.14 0.17	3	»	»	»	»	»	3000	»	»		»

(*) *Voir* le chapitre XII, page 104. Ces chiffres sont, au surplus, extraits des marchés mêmes passés avec les maîtres-relayeurs.

...dises, **à une distance de 30 kilomètres** (*formant un relais ordinaire*).

...ETTES.

Total du poids mort	Poids utile par voiture	Voiture principale — Chevaux — Nombre	Voiture principale — Chevaux — Prix	Voiture principale — Chevaux — Dépense totale	Voiture principale — Poids utiles	Voitures à la suite — Chevaux — Nombre	Voitures à la suite — Chevaux — Prix	Voitures à la suite — Chevaux — Dépense totale	Voitures à la suite — Poids utiles	Somme des Dépenses	Somme des Poids utiles — Réglementation actuelle	Somme des Poids utiles — Réglementation proposée	Prix de revient — Réglementation actuelle	Prix de revient — Réglementation proposée
k.	k.		fr.	fr.	k.		fr.	fr.	k.	fr.	k.	k.	fr.	fr.
700	1300	1	5	5	1300	»	»	»	»	5	1300	1300	0.38	0.38
id.	1500	1	5.50	5.50	1500	1	5 50	5 50	1500	11	3000	3000	0 37	0.37
750	1850	2	4	8	1850	»	»	»	»	8	»	1850	»	0.43
id.	»	2	4	8	1800	1	5	5	1500	13	»	3300	»	0.39
800	2100	2	4.25	8.50	2100	»	»	»	»	8.50	»	2100	»	0 40
id.	»	3	4.25	8.50	2100	1	5	5	1500	13.50	»	3600	»	0.37
900	2300	2	5	10	2300	»	»	»	»	10	2250	2300	0.44	0.43
id.	2300	2	4.50	9	2300	1	»	5	1500	14	3750	3800	0.38	0.37
950	2550	2	4.75	9.50	2550	»	»	»	»	9.50	»	2550	»	0.37
id.	2550	3	4.75	9.50	2550	1	5	5	1500	14.50	»	4050	»	0.36
1050	2750	3	4	12	2750	»	»	»	»	12	»	2750	»	0.43
id.	»	3	4	12	2750	1	5	5	1500	17	»	4250	»	0.40
1150	»	3	4.25	12.75	2800	»	»	»	»	12.75	2900	»	0.44	
id.	»	3	4.25	12.75	2800	1	5	5	1500	17.75	4400	»	0.40	
»	»	3	4.50	13.50	2800	»	»	»	»	13.50	»			
»	»	3	4.50	13 50	2800	1	5	5	1500	18.50	»			
»	»	3	4.75	14.25	2800	»	»	»	»	14.25	»			
»	»	3	4.75	14.25	2800	1	5	5	1500	19.25	»			
1400	»	4	4	16	4000	»	»	»	»	16	4000	»	0.40	
»	»	4	4	16	4000	1	5	5	1500	21	5500	»	0.38	
»	»	2	5	10	2500	»	»	»	»	10	2500	»	0.40	
»	»	3	4.67	14	3000	»	»	»	»	14	3000	»	0.47	

Nos d'ordre	COMBINAISONS DIVERSES D'ATTELAGES, soit d'une voiture seule, soit de deux voitures conduites par un seul et même conducteur. — Désignation des voitures.	Jantes. (m.)	Chevaux.	TARIF ACTUEL. Chargements autorisés. Hiver.	Été.	Tolérance.	Poids transportés. Hiver, 137 jours.	Été, 228 jours.	Dans toute l'année.	Réduit par jour.	Chargements autorisés. Tarif unique.	Tolérance.	de la voiture vide.
		m.		k.	k.	k.					k.	k.	k.
1	Deux comtois	0.06	1	Exemption.			»	»	»	»	3000	200	60
2	Un chariot / Un comtois	0.06 / 0.06	2 / 1	Interdit.			»	»	»	»	3000	»	65
3	Un chariot (seul)	0 07	2	id.			»	»	»	»	3500	»	76
4	Le même chariot et un comtois	0,07 / 0.06	2 / 1	id.			»	»	»	»	»	»	id
5	Un chariot seul	0.08	»	id.			»	»	»	»	4000	»	100
6	Le même chariot et un comtois	0.08 / 0.06	2 / 1	id.			»	»	»	»	»	»	id
7	Un chariot seul	0.09	3	id.			»	»	»	»	4500	»	12.
8	Le même chariot et un comtois	0.09 / 0.06	3 / 1	id.			»	»	»	»	»	»	id
9	Un chariot seul	0.10	4	*Jantes de 0ᵐ.11* — 4400 *Avec tolérance de 0ᵐ.01*	5200	300	*Poids utile.* 2900 k. / *Poids total en tonnes,* 397 k.	3700 k. / 844 k.	» / 1201 k.	3400	5000	»	14.
10	Le même chariot et un comtois	0.10 / 0.06	4 / 1	»	»	»	»	»	»	»	»	»	id
11	Un chariot seul	0.11	4	»	»	»	»	»	»	»	5500	»	15.
12	Le même chariot et un comtois	0.11 / 0.06	4 / 1	»	»	»	»	»	»	»	»	»	id
13	Un chariot seul	0.12	4	»	»	»	»	»	»	»	6000	»	16.
14	Le même chariot et un comtois	0.12 / 0.06	4 / 1	»	»	»	»	»	»	»	»	»	id
15	Un chariot seul	0.13	5	*Jantes de 0ᵐ.14* — 5600 *Avec tolérance de 0ᵐ.01*	6700	300	*Poids utile.* 3900 k. / *Poids total en tonnes,* 534 k.	5000 k. / 1140 k.	» / 1674 k.	4600	»	»	17.
16	Le même chariot et un comtois	0.13 / 0.06	5 / 1	»	»	»	»	»	»	»	»	»	id
17	Un chariot seul	0.16	6	*Jantes de 0ᵐ.17* — 6800 *Avec tolérance de 0ᵐ.01*	8100	300	*Poids utile.* 4600 k. / *Poids total en tonnes,* 671 k.	5900 k. / 1345 k.	» / 2016 k.	5400	»	»	22.
18	Le même chariot et un comtois	0.16 / 0.06	6 / 1	»	»	»	»	»	»	»	»	»	id
	Service avec rechange de roues.								*Poids constants(*).*				
19	Un chariot avec rechange { été / hiver }	0.11 / 0.14	4	»	»	»	»	»	3900	»	»	»	»
20	Un chariot avec rechange { été / hiver }	0.14 / 0.17	5	»	»	»	»	»	5000	»	»	»	»

(*) *Voir* le chapitre XII, p. 104. Ces chiffres sont, au surplus, extraits des marchés mêmes passés avec les maîtres-relayeurs.

…dises, à **une distance de 30 kilomètres** (*formant un relais ordinaire*).

…RIOTS.

…al poids t.	poids util. par voiture	VOITURE DE TÊTE — Chevaux : Nombre	Prix	Dépense totale	Poids utiles	VOITURES A LA SUITE — Chevaux : Nombre	Prix	Dépense totale	Poids utiles	SOMME DES : Dépenses	Poids utiles — Réglementation actuelle	Poids utiles — Réglementation proposée	PRIX DE REVIENT — Réglementation actuelle	PRIX DE REVIENT — Réglementation proposée
k.	k.		fr.	fr.	k.		fr.	fr.	k.	fr.	k	k.	fr.	fr.
.	1250	1	5.50	5.50	1250(**)	1	5.50	5.50	1250	11	2500	2500	0.44	0.44
o	1200	2	4	8	2000(**)	1	4	4	1250	12	»	3250	»	0.37
o	2650	2	4	8	2200(**)	»	»	»	»	8	»	2200	»	0.36
	2650	2	4	8	2200	1	4	4	1250	12	»	3450	»	0.34
o	2800	2	5	10	2800	»	»	»	»	10	»	2800	»	0.36
	2800	2	4.50	9	2800	1	4.50	4	1250	13.50	»	4050	»	0.33
o	3000	3	4	12	3000	»	»	»	»	12	»	3000	»	0.40
	3000	3	4	12	3000	1	4	4	1250	16	»	4250	»	0.37
o	3300	4	4	16	3300	»	»	»	»	16	3400	3300	0.47	0.48
	3300	4	4	16	3300	1	4	4	1250	20	4650	4550	0.43	0.44
o	3700	4	4.25	17	3700	»	»	»	»	17	»	3700	»	0.46
	3700	4	4.25	17	3700	1	4	4	1250	21	»	4950	»	0.42
o	4100	4	4.50	18	4100	1	»	»	»	18	»	4100	»	0.44
	4100	4	4.50	18	4100	1	4	4	1250	22	»	5350	»	0.41
o	»	5	4	20	4600	»	»	»	»	20	4600	4600	0.43	
	»	5	4	20	4600	1	4	4	1250	24	5850	5850	0.41	
•	»	6	4	24	5500	»	»	»	»	24	5400	5500	0.44	
	»	6	4	24	5500	1	4	4	1250	28	6650	6750	0.42	
•	»	4	4.50	18	3950	»	»	»	»	18	3000	3950	0.46	
	»	5	4.50	21	5000	»	»	»	»	21	5000	5000	0.42	

(**) Dans ces combinaisons, la force des chevaux ne permet pas d'utiliser en entier le chargement autorisé.